AI・機械学習の
技術と実用をつなぐ基本テクニック

藤原 弘将・吉岡 琢・石田 忠・内木 賢吾・
佐々木 雄哉・川崎 奏宜・加藤 修
共著

—— はしがき ——

本書を手にとっていただき，ありがとうございます．

私たち著者一同は株式会社 Laboro.AIで，クライアント企業の課題解決のためのカスタムAIソリューションを提供しているエンジニアです．その業務の中で，データ不足が機械学習の社会実装において大きな障害となることを実感してきました．実際，多くの企業が必要なデータをそろえられないがために，機械学習モデルの実用化に苦慮しています．

この壁を乗り越える技術がファインチューニングです．ファインチューニングは，大規模データで訓練された既存のモデルを活用し，限られたデータで高性能なモデルを構築する方法です．その需要は急速に高まっており，ぜひ多くの皆さんと知識を共有したいと考え，本書を執筆しました．

現在，機械学習の応用範囲は拡大し続けており，その可能性は飛躍的に広がっています．ファインチューニングを含む機械学習の実装を支えるために，GitHubやHugging Faceといったプラットフォームも充実しており，最先端のコードやモデルを誰もが容易に扱うことができるようになっています．さらに，LoRA（Low-Rank Adaptation）に代表される個々のファインチューニング技術の進化により，より効率的で，より効果的なモデルの改善が可能になっています．これらによって，計算リソースが限られていても，少ないデータしか用意できなくても，実用に耐えうる機械学習モデルの構築が可能となりつつあります．今後，多種多様なドメインやタスクでファインチューニングが次々と行われる中で，本書がエンジニアや研究者，それと学生の皆さんに少しでもお役に立てれば幸いと考えています．

本書の執筆にあたっては，理論と実践のバランスをとるように心がけました．このため，本書に掲載しているPythonコードは，読者の皆さんがいままさに取り組んでいる課題に合わせて修正し，すぐに利用できるよう意図されています．さらに，著者らの経験をもとに，実務で直面する課題とその解決策を具体的に示しました．可能であれば，ぜひ実際に手を動かしながら読んでいただくとよりわかりやすいと思います．

本書が対象とする読者

本書は，ファインチューニングを実務で活用することを目指すエンジニアや研究者，および，学生の方々向けの書籍です．特に，すでに機械学習モデルを作成し，さらに改良したいと考えている方々にとって有益な内容となることを目指しています．また，実務に直結したアドバイスや具体的な手法を提供し，現場での実践力を高めていただくことを目指しています．

なお，Pythonの基本的なスキルや，matplotlib，NumPy，PyTorchなどの深層学習で使用される基本的なライブラリに関する知識については詳しく説明していません．これらのスキルや知識に関する部分でわからないことがある場合は，関連のWebサイトや書籍を参考にしてください．また，本書ではなるべく統計学や線形代数学等の専門的な数学の知識がなくても読めるように配慮しましたが，扱っている内容と関連して，特に原理の説明では避けることが難しかった箇所があります．これらの知識は必須ではありませんが，あれば理解の助けになると思います．必要に応じて数学の教科書などを参考にしてください．

本書の構成と各Chapterの読み方

本書は，機械学習の全体像とファインチューニングの役割について解説するChapter 1に始まり，画像識別や自然言語処理といった実務における代表的なタスクで現れるモデルのファインチューニング，さらに近年著しく発達している生成AIモデルのファインチューニング，および，強化学習を活用したファインチューニングについて，Chapter別に詳述しています．

それぞれのタスクを実施するための手続きを「レシピ」としてパッケージ化して，その中身を「レシピの概要」「ファインチューニングの実装（または「学習の実施」「プロンプトの実装」）」「評価」「応用レシピ」としています．具体的なPythonコードを通じて基本的かつ実践的な考え方を理解していただき，さらにそれを読者の皆さん自身の課題に合わせて修正して利用できるようにしています．各Chapterは独立していますので，前から読んでいく必要はありません．さっそく関心のあるレシピから読んでいただくことも可能です．

コードについて

すべてのコードはGitHubで共有されています．リポジトリのURLは本書の目次の次のページに記載しています．また，動作確認はGoogle Colaboratory（Colab）上で行っています．ただし，Chapter 4とChapter 5のコードについては，多くのGPUメモリを必要とするため，Google Colab Proプラン（有料）で動作確認を行っています．必要なライブラリのインストールについては，それぞれのレシピの中で説明しています．

謝辞

本書の執筆にあたり，多くの方々にご協力いただきました．当社のエンジニアリング部の同僚である機械学習エンジニアの村田裕章さんには，多くの貴重なコメントをいただきました．また，当社のマーケティング部の熊谷勇一さん，和田崇さんからは，専門家とは異なる目線で有意義なコメントをいただき，編集作業においてもご尽力いただきました．株式会社 オーム社の編集局には執筆過程において多大なるご支援をいただき，心から感謝申し上げます．

この本が，皆様の機械学習の旅路において，少しでもお役に立てれば幸いです．

2024年8月

著者一同

Contents

Chapter 1 ファインチューニングの基礎知識

Chapter 2 画像のファインチューニング

Chapter 3 自然言語処理のファインチューニング

Chapter 4 生成AIのファインチューニング

Chapter 5 強化学習によるファインチューニング

Appendix 評価指標

―― 本書に掲載しているコードについて ――

本書に掲載しているコードは，すべて以下のURLのGitHubで共有されています．

https://github.com/laboroai/finetuning_cookbook

また，これらのコードに関する情報の更新なども上記のリポジトリから提供されることがあります．

なお，本書に掲載しているソースコードについては，オープンソースソフトウェアのBSDライセンス下で再利用も再配布も自由です．

Chapter 1

ファインチューニングの基礎知識

本書では実用的な**ファインチューニング**（Fine-Tuning）の技術を読者の皆さんにわかりやすく説明することを目指しています．ここでいうファインチューニングとは，機械学習モデルのファインチューニングのことです．現在，機械学習はAI（artificial intelligence，人工知能）による技術革新の中核をなしており，私たちの日常生活から産業まで，さまざまな場面で非常に優れた能力を発揮しています．
本Chapterでは，個別のタスクに対するファインチューニングの具体的なやり方を説明する前に，ファインチューニングそのものについて理解を深めていただくための基本的な知識を解説します．まず，ファインチューニングの前提となる機械学習について説明します．次に，ファインチューニングの基本的な考え方について，続いてファインチューニングの一般的なやり方について説明します．そして，ファインチューニングの分野での発展的な話題について解説します．

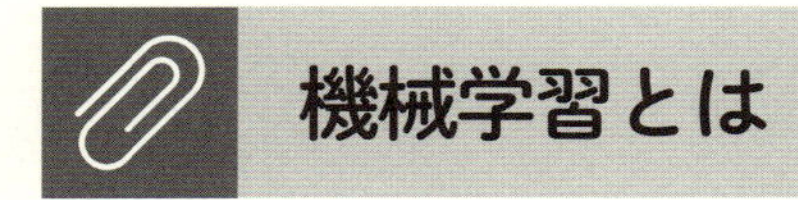

機械学習とは

ファインチューニングとは何かを理解するために，まずは機械学習の定義と主要な分類についてみていきましょう．

機械学習の定義

機械学習（Machine Learning; **ML**）とは，コンピュータにデータからパターンや規則性を抽出させ，その結果をもとに新しいデータに対して予測や意思決定を行わせる技術です．もう少し具体的にいうと，コンピュータにデータを入力し，さまざまなアルゴリズムを使用してそれらのデータ内の情報を分析し，未知のデータにも適用できる「規則」を抽出させるというものです．従来のように，コンピュータをあらかじめ人間が設計した計算や情報処理に使用するのではなく，未知のデータに対して予測や分類などを行うための規則を見つけ出すために使用するのです．

機械学習を用いると，人間がプログラムを作成しなくても，コンピュータが自動的にデータを解析して規則を見つけ出し，見つけ出した規則にもとづいて要求されたタスクを実行できます．従来は，プログラマが「もしXだったらYを行う」などの明確な命令やルールをコンピュータに指示（プログラミング）してデータを処理していました．この方法は決定論的であり，安定した振舞いが期待できますが，事前の想定から外れたデータがやってくると予測や処理が困難になるデメリットがあります．

一方，機械学習では，コンピュータが与えられたデータを分析し，データ内の規則を自動的に抽出します．このプロセスを**学習**（learning）といい，このプロセスによってコンピュータは新しいデータに対しても頑健に動作するしくみをつくり出します．

機械学習は，データが豊富でパターンが複雑または未知のタスクに有効です．例えば，写真に写っている物体が何かを判定するタスクを行うとしましょう．写真を見ると，人間は無意識にそれに写る物体が何かを判定するタスクを実行しますが，その判断のしくみをコンピュータに実装するためにプログラムで明示することは困難です．また，ユーザの行動をもとにしておすすめの商品を提案するシステムも，時々刻々と人間の行動傾向が変化するため，プログラムで実装することはやはり難しいものです．これらのような，プログラムで明示することが困難なタスクには機械学習が特に有効です．

機械学習において，規則を見つけ出す数学的モデルを**機械学習モデル**（Machine Learning Model，以下「モデル」）といいます．多岐にわたるデータ（画像，音声，テキストなど）とタスク（顔認識，言語翻訳，市場トレンドの予測など）に対して，数多くのモデルが提案されてきています．近年では，単に規則を見つけ出すばかりでなく，新たな画像や文章を生成する**生成モデル**（Generative Model）が注目されています．

機械学習の分類

機械学習は，アルゴリズムがデータから学習する方法にもとづいて，教師あり学習，教師なし学習，強化学習の３つのカテゴリに大きく分けられます．

（1） 教師あり学習

教師あり学習（Supervised Learning）は，そのデータが何を表しているかを示す教師ラベル（label）が付いた，ラベル付きの学習データを用いて学習する方法です．つまり，教師あり学習に使用する学習データは，コンピュータに入力するデータ（入力データ）と，それに対応する正しい出力（教師ラベル）から構成されています．なお，表形式など，データの情報や形式を整理・統合して扱いやすい状態にしてあるものを**データセット**（data set）といいます．

例えば，手書きした数字を画像から認識する場合，入力データは手書きの数字の画像であり，教師ラベルはその画像に表示されている数字の正解（0から９までのいずれか）です．教師あり学習のアルゴリズムの目的は，入力データから正しい出力を予測する関数を学習することです．具体的には，アルゴリズムは学習データセットを用いて関数のパラメータを最適化し，教師ラベルとの誤差を最小化します．

教師あり学習は，十分な質と量の学習データセットが入手できる場合，ほかのカテゴリの方法と比べて高い性能が期待できます．一方，教師ラベルを準備するのに時間やコストがかかる場合には不向きといえます．

教師あり学習の一般的な応用例には，分類と回帰があります．**分類**は，データを異なるカテゴリに分けることを目的とし，例えば，スパムメールのフィルタリングでは，メールが「スパム」か「非スパム」かに分類されます．**回帰**は，数値を予測することを目的とし，不動産の価格予測や株価予測，天気予報などが含まれます．

（2） 教師なし学習

教師なし学習（Unsupervised Learning）は，教師ラベルが付けられていないデータセットからパターンや関係性を学習する方法です．教師なし学習のアルゴリズムには，入力データに対して何ら指導や正解を与えられなくても，データ自体の背後にある構造や規則性を自動的に抽出することが求められます．教師あり学習とは異なり正解ラベルが存在しないため，教師なし学習のアルゴリズムではデータの中に隠れている潜在的なパターンを探し出すことに焦点を当てています．

教師なし学習のメリットは，教師ラベルが不要なので，大量の学習データを準備することが容易なことです．一方，適用できるタスクが限定的であり，教師なし学習が適用できないタスクもあります．また，同程度の量の学習データを使用した場合，教師あり学習と比べて一般に性能が低くなります．

代表的な手法として，クラスタリングや次元削減があります．**クラスタリング**（clustering）は，データセット中のそれぞれのデータを類似性にもとづいてグループ化する手法です．例えば，購買行動にもとづいて各顧客を異なるグループに分類するといったタスクに利用できます．**次元削減**（dimensionality reduction）は，高次元のデータをより扱いやすい低次元に変換する手法です．これにより，各データの本質的な特徴を保持しつつ，ノイズを減らすことで，可視化や解析が容易になります．

（3） 強化学習

強化学習（Reinforcement Learning）は，特定の**環境**（environment）の中で，**エージェント**（agent）と呼ばれる主体が最適に動作するための方針を学習する手法です．例えば，将棋を自動で指すコンピュータを例にとると，将棋の盤面やルールが環境になり，エージェントは指し手であるコンピュータに相当します．つまり，エージェントは勝つための駒の動かし方を自律的に試行錯誤しながら学んでいきます．ここで，よりよい方法を学習させるために，勝敗や局面の変化といった状態の変化に応じた**報酬**（reward）をエージェントに与えます．エージェントはより多くの報酬を得ようとし，最適な駒の動かし方を学習します．

典型的な強化学習のアルゴリズムは，①経験の蓄積と，②行動パターンの改善という２つのフェーズを交互に繰り返します．①ではエージェントはある状況において行動を選び，その結果として報酬を受け取り，新しい状況に移るというサイクルを繰り返します．そして，②ではサイクルごとに得られた報酬を評価し，最終的に最も多くの報酬を得られる行動パターンを見つけ出します．

この方法のメリットは，エージェントが環境の中で自律的に試行錯誤するため，環境と報酬さえ正しく定義できれば，最適な行動パターンや戦略を自動的に見つけ出すことができることです．一方，デメリットは，実世界の環境をコンピュータ内で再現することが難しい場合が少なからずあることです．また，報酬の設計が適切でないと，学習が効果的に進まないこともあります．

強化学習の適用例として，自動運転車が複雑な交通状況の中で効率的かつ安全に運転するためのルートを自律的に学習するなどがあります．また，製造業における製造工程を最適化し，生産効率を高めるためにも使われます．

機械学習の発展と課題

機械学習モデルの１つである**ニューラルネットワーク**（Neural Network）は，人間の脳の神経回路網からヒントを得た計算モデルで，人間のニューロンの結合を模した計算ユニット[注1]を層にして複数積み重ねたものです[注2]．当初は２層程度の浅いモデルが使われていましたが，2010年代に層の数が多い巨大なモデルにより画像認識などの複雑なタスクの性能が大きく向上することが発見されました．そのような技術の総称を**深層学習**（Deep Learning）と呼びます．

深層学習が登場する以前の機械学習には，サポートベクターマシンや統計アプローチなどが用いられており，これらの機械学習モデルでは，人手で設計した特徴量が入力データとして用いられました．これらは特定の問題に対しては効果的でしたが，大量のデータを扱う際や複雑な問題に対しては限界がありました．

深層学習が登場したことで，機械学習のポテンシャルは飛躍的に向上します．深層学習は特徴量の抽出とそれにもとづく予測を同時に行うことができます．画像認識，音声認識，自然言語処理などの分野に応用されて，それぞれで劇的な成果がみられるようになり，画像認識システムが人間以上の精度で物体を認識したり，Google社のAlphaGoが当時の囲碁の世界チャンピオンに勝利したりなど，深層学習の力を示す数々の象徴的な出来事が起こりました．

深層学習はさらに大きな進化を遂げ，**生成AI**（Generative AI）や**大規模言語モデル**（Large Language Models; **LLM**）が登場しました．これらは，膨大な量のテキストデータから学習することで人間の言語を理解するだけでなく，自然な文章を生成し，翻訳や要約，対話など多種多様なタスクを高精度で実行することができます．OpenAI社のGPT-3やその後継モデルであるGPT-4がその一例です．

さらに，生成AIはこれまで人間が行ってきた創造的なタスクにも進出しようとしています．例えば，画像生成モデルや音楽生成モデルなどは，アートやエンタテインメントの分野で新たな可能性を切り拓いています．人間とAIのコラボレーションが進み，新しい形の創作が生まれています．

このように，機械学習モデルは目覚ましい進歩を遂げ，社会で広く応用されてきています

注1　計算ユニットの代表的な例は，入力に線形変換と非線形関数を続けて適用する，というものです．
注2　ニューラルネットワークの中にはボルツマンマシン（Boltzmann machine）[1)]のような層構造をもたないものもあります．

が，それにともない多くの課題が明らかになっています．1つは，学習データセットの品質と偏りの問題です．原理上，学習データセットに偏りがあれば，機械学習モデルの予測結果も偏ったものになります．これにより，差別的で倫理的に誤った意思決定が引き起こされる可能性があります．特に，医療や司法などの分野において，偏った学習データセットによる不公平な診断・判決が人間の日常生活に重大な影響を及ぼすことが懸念されています．また，生成されたコンテンツの信頼性と著作権侵害の問題もあります．生成AIは，膨大なテキストデータをもとに自然な文章を生成しますが，その出力内容が必ずしも正確であるとは限りません．誤った情報や誤解を招く内容が生成されるリスクがあり[注3]，それがSNSなどを通じていかにも正しい情報かのように社会的に広まることで大きな混乱が生じる可能性があります．また，生成されたコンテンツが既存の著作物に似ている場合，著作権侵害の問題を生じます．

したがって，近年では国際的な議論の中で，機械学習モデルに対する規制やガイドラインの制定が進んでいます．例えば，EUではデジタルサービス法（Digital Services Act）を施行して，AIシステムの透明性と説明責任を強化しています．また，プライバシー保護の観点から，個人情報の匿名化や個人情報を保管するシステムのセキュリティ強化が推進されています．このような取組みは，EUばかりでなく，AI技術の発展により生じた倫理的な問題を解消するために国際的に広がりつつあります．

ファインチューニングとは

ファインチューニングとは，既存の機械学習モデルを特定のタスクやドメインに特化させるために再訓練する手法のことです．これを事前学習済みモデルに対して行うことで，少量のデータと計算リソースで高精度な機械学習モデルを構築できます．

ファインチューニングとは何か

ファインチューニングは，機械学習，特に深層学習において，大規模データで事前に訓練された**事前学習済みモデル**（Pre-trained Model）を，別のデータセットを用いて再学習することで，特定のタスクやドメインに特化した形に適応させる手法です．通常，事前学習済みモデルは，言語理解や画像認識，画像生成などの一般的なタスク向けに大量のデータを用いて学習されます．ファインチューニングでは，これらの事前学習済みモデルがもつ広範囲の知識を

注3　このような現象は**ハルシネーション**（Hallucination，**幻覚**）と呼ばれます．

ベースとしながら，少量の新しいデータでパラメータを微調整することで，特定のニーズや環境に合わせて事前学習済みモデルを最適化し，既存の知識を活用しつつ新しいタスクに対する効率と精度を大幅に向上させることができます．

例えば，OpenAI社によって開発されたChatGPTは，一般に公開されているWebサイトや書籍，新聞，雑誌などのデータを使って学習されています．ですので，例えばChatGPTを用いてある会社の公開されていない情報について返答するチャットボットをつくりたい場合，そのままでは正しい情報を提供することは難しいでしょう．このような場合，その会社の内部情報や製品マニュアル，サポートデータなどを使ってChatGPTをファインチューニングすることで，その会社に特化した知識をもつチャットボットをつくり出すことが可能になります．

ファインチューニングと似た概念として，**転移学習**（Transfer Learning）があります．ファインチューニングと転移学習の定義は，文献によっても揺らぎがあり，実際，混同された使われ方をすることもありますが，一般には転移学習はより広範な概念を指し，ファインチューニングはその中の一手法と見なされることが多いです．転移学習は，あるタスクで学習した知識をほかの関連タスクに応用することで，まったく新しいモデルをゼロから訓練するよりも効率的に新しいタスクに対応する手法を指します．ただし，転移学習は，事前学習済みモデルの出力層に新しいニューラルネットワークの層を追加し，新しいデータでその層のパラメータのみを学習する特定の手法のみを指すこともあります．本書ではファインチューニングや転移学習の厳密な定義には踏み込まず，広い意味で，「ファインチューニング」という用語を使っています．

ファインチューニングや転移学習は，深層学習によってはじめて生まれた考え方ではありません．深層学習以前の機械学習の手法においても，事前学習済みモデルを少量の追加学習データで再訓練する手法は知られていました．例えば，サポートベクターマシンや決定木において事前に学習されたモデルを初期値として新たなデータで再訓練する手法が用いられていました．また，統計モデルベースの音声認識において，MLLR法（Maximum Likelihood Linear Regression method）[2)]やMAP法（Maximum A Posterior estimation method）[3)]と呼ばれる手法で，個々の話者に特化したモデルを構築することで認識精度を高めることが報告されています．

ファインチューニングの重要性

特定のドメインやタスクに特化したデータの収集は，時間とコストの両面で困難な場合が少なくありません．このことが現実のタスクに対するAIの適用を難しくしている理由の１つです．しかし，ファインチューニングによって，大量に収集することが容易な汎用的なドメインやタスクのデータで学習した事前学習済みモデルを活用することで，精度の高いモデルを構築することが可能です．つまり，ファインチューニングによってデータの効率が飛躍的に高まり，より効果的で効率的なAIソリューションの構築が実現します．

ファインチューニングには以下のようなメリットがあります．

（1） 特定のドメインへの適応

ファインチューニングを用いることで，汎用的なモデルを特定のドメインに適応させることができます．例えば，医療分野や金融分野など高い専門知識が求められるドメインではモデルを一から学習させるのに必要なデータを集めることが非常に難しく，その分のコストも高くつきます．しかし，事前学習済みモデルをファインチューニングすることで，限られたリソースで高い精度をもつ専門的なモデルを効率的に構築することができます．

（2） 特定のタスクへの適応

特定のタスクに事前学習済みモデルをファインチューニングすることで，ベースとなった事前学習済みモデルの特長を活かしつつ，特定のタスクに適切に対応させることが可能になります．例えば，質問応答タスクでは，質問の文章を理解し，その回答を回答データセットから抽出することが求められます．しかし，通常の教師あり学習では，質問応答タスクに特化した教師ラベル付きの回答データセットのみでは，文章を理解する能力を学習することは困難です．そこで，文章を理解する能力は事前学習モデルに頼り，ファインチューニングで適切な回答を回答データセットから抽出する能力のみを学習することで，効率的に高精度なモデルが実現できます．

（3） 開発サイクルの高速化

ファインチューニングにより，モデルの開発サイクルを大幅に短縮することが可能です．機械学習済みを用いた新しいアプリケーションやサービスを迅速に市場に投入する際，事前学習済みモデルを少ないデータでファインチューニングすることで，開発初期段階でのプロトタイプの開発速度を上げることができます．これにより，初期投資を抑制しつつ短期間でPoC（Proof of Concept，概念検証）を実施できるようになり，市場の変化への対応速度が大幅に向上します．

（4） 計算リソースの節約

計算リソースの節約はファインチューニングを利用する重要なメリットの１つです．事前学習済みモデルはすでに多数のデータで学習済みで，基本的な能力が確立されています．このため，特定のタスクや新しいデータセットに適応するための追加学習だけで済み，大幅に計算リソースを節約できます．これにより，大規模なインフラ投資を行うことなく，技術的な進歩を享受できます．

（5） 低リソース言語への対応

低リソース言語への対応も，ファインチューニングがきわめて有効なドメインです．英語やスペイン語，中国語などを除く多くの言語は機械学習に利用可能な学習データセットが少ないため，精度の高いモデルを構築することが困難です[注4]．しかし，英語などの事前学習済みモデルを使用し，手に入りうる少量のデータでファインチューニングすれば，低リソース言語でも高品質なモデルを構築できます．これは自然言語処理や音声認識など，言語に依存したデータが必要なタスクにおいては非常に重要な要素です．

事前学習済みモデルの役割

ファインチューニングにおける事前学習済みモデルの役割の１つは，幅広いデータに対して，さまざまなタスクに適応するために必要な基礎的な理解力を提供することです．事前学習済みモデルは，通常，大量のデータと計算リソースを投入して学習されます．このデータは，その分野において一般的な特徴を網羅できるようなものが使われます．例えば画像識別においては**ImageNet**と呼ばれる1000万枚を超える大規模学習データセットを用いて学習された事前学習済みモデルがよく使われます．このデータは，ILSVRC（the ImageNet Large Scale Visual Recognition Challenge）と呼ばれる画像識別コンテストで使用された1000カテゴリの教師ラベルが付与されており，動物，乗り物，食べ物，家具，楽器，建築物など，多種多様なカテゴリの画像が含まれています．また，**BERT**（Bidirectional Encoder Representations from Transformers）などに代表される教師なし自然言語処理モデルはインターネット上の多種多様な文章を使用して学習されます．このように幅広い情報を含んだデータを使って学習することで，事前学習済みモデルはその種類のデータを理解するために必要な一般的な特徴を学習します．

事前学習済みモデルのもう１つの重要な役割は，パラメータの初期値を提供することです．機械学習において，初期のパラメータ設定はモデルの収束速度や最終的な性能に大きな影響を与えます．事前学習済みモデルはすでに学習されたパラメータをもっているため，ファインチューニングの際にはこれらのパラメータを初期値として利用できます．これにより，モデルは訓練データに対してより迅速に収束し，ゼロからモデルを訓練する場合と比べて，はるかに

注4　日本語は比較的リソースが多い言語とされています．

少ない学習ステップでモデルの学習が収束します．また，少量のデータしか利用できない場合においても，この初期値が過学習を防ぎ，モデルの汎化性能を高めるのに役立ちます．

モデル共有サービス

ファインチューニングを実行するためには事前学習済みモデルと，ファインチューニングを実行するための学習プログラムが不可欠です．その過程において，モデル共有サービスは重要な役割を果たしています．**モデル共有サービス**とは，広範囲にわたるタスクを学習済みのモデルを無料で提供し，誰でも簡単にアクセスできるようにしているサービスのことです．これを使えば，ゼロからモデルを訓練することなく，目的とするタスクを高精度にこなすモデルを作成するためのファインチューニングに開発リソースを集中させることができます．

特に，**Hugging Face**と呼ばれるモデル共有サービスがよく知られており，ファインチューニングを手がけるエンジニアにとって中心的なプラットフォームとなっています．Hugging Faceの特長の１つは，パラメータだけでなく，学習プロセスに関する情報も提供していることです．アーキテクチャ，ハイパーパラメータ，データセットの詳細，プログラムなどがすべて提供されているので，すでに報告されている研究結果を他者が再現しやすく，研究の透明性と信頼性を保証しやすくなります．さらに，モデルの微調整を行う際にも，既存のパラメータをもとに新しいタスクに適応させることが可能であり，開発スピードを大幅に向上させることができます．

応用分野

これまで説明したきたように，ファインチューニングは特定のタスクやドメインに特化したモデルを作成するための強力な技術であり，さまざまな分野で応用されています．各分野の具体的なファインチューニングの方法はChapter ２以降で詳しく記載しますが，ここで少しだけ各分野の概要や代表的な事前学習済みモデルを紹介します．もちろん，機械学習で実行可能なタスクはこれ以外にもたくさんあります．

（1） 画像処理

画像処理における最も基本的なタスクは**画像識別**（Image Recognition）です．これは，入力画像の中に何が写っているかを１つ答えるというタスクで，深層学習が勃興するきっかけとなったものです．前述のImageNetデータセットを使って学習したVGG，ResNet，Inception，EfficientNetなどのモデルが，さまざまな深層学習のフレームワークに標準的に実装されており，ファインチューニングの事前学習済みモデルとして簡単に利用できます．

また，**物体検出**（Object Detection）や**セマンティックセグメンテーション**（Semantic Segmentation）は，画像識別の発展形ともいえるタスクです．物体検出は画像の中に写っているものの名前とその領域を四角形などで検出するタスクで，セマンティックセグメンテーションは画像の中の写っているものをピクセル単位で色分けするタスクです．両方のタスクとも，多くの場合，内部で画像識別モデルが動いています．

さらに，画像処理分野では，すでにそれぞれのタスクに対する学習済みのパラメータが広く提供されています．特に物体検出については，学習するためのソースコードと学習済みモデルがセットになったDetectron2，MMDetectionなどのツールキットが複数公開されていて，非常に簡易に利用できます．

なお，画像処理のファインチューニングでは，事前学習済みモデルの一部または全部のパラメータを固定し，固定していない部分のみを再訓練することがあります．これは，特にファインチューニング時の追加学習データ量が少ない場合に行われ，過学習（34ページ参照）を防ぐ効果があります．

（2） 自然言語処理

自然言語処理には，文書分類，機械翻訳，質問応答，テキスト要約などのさまざまなタスクがありますが，大規模なデータから教師なし学習を行った事前学習済みモデルが広く使われていることが特徴です．例えば，2018年にGoogle社が開発した**BERT**と呼ばれる自然言語処理モデルは，学習データの文中にある一部の語をマスク[注5]してそれを予測する学習方法（Masked Language Model）と，与えられたテキストの続きを予測する学習方法（Next Sentence Prediction）を採用して，Webページ等から収集した約33億語にもわたる大量のテキストデータから教師ラベルなしで学習しています．

このBERTは，実行したいタスクに合わせてファインチューニング（入力と出力のフォーマットを調整）することで，さまざまなタスクに柔軟に適用できることが特長です．以降，RoBERTa，ALBERT，DistilBERTなど，改良モデルが登場し，それらを使って各言語やタスクに特化した事前学習済みモデルが次々と開発されたことで，上記のBERTの手法は自然言語処理における標準的なものとなりました．

さらに，OpenAI社が開発した**GPT**（Generative Pretrained Transformer）と呼ばれる一連のモデルにより，自然言語処理分野におけるモデルの処理能力は飛躍的に発展しました．GPTについては次の生成AIの項目でも説明します．

注5　ここでのマスクとは，入力情報の一部をモデルから見えなくする処理です．

（3） 生成AI

生成AI分野における代表的なタスクは，文章生成（Sentence Generation），画像生成（Image Generation），動画生成（Video Generation），音楽生成（Music Generation）です．このうち，本書では自然言語生成，画像生成について取り上げています．

文章生成モデルは一般に**大規模言語モデル**（**LLM**）と呼ばれ，文章を生成するばかりでなく，自然言語処理の幅広いタスクに対して対応できる汎用性の高さが注目されています．この代表的なモデルが前述のGPTシリーズです．当初はBERTと異なり，純粋に言語の生成タスクにフォーカスしたモデルでしたが，2020年に登場したGPT-3では，自然言語で記述した文章の続きを生成させることで，単なる言語の生成タスクを超えたさまざまなタスクへ適用することが可能になりました．さらに2022年に登場したChatGPTは，指示内容を対話的に入力できるようにしたことで広く普及するにいたりました．

GPTシリーズの大きな特長は，天文学的な数のデータと計算リソースを使って，従来の常識をはるかに超えたパラメータ数をもつモデルを学習したことです．これによって，単に自然な文章が生成できるようになっただけでなく，あたかも人間と同じ知能をもったかのように文脈を理解した文章を生成し，適切な応答が可能になりました．ちなみに，GPT-3のパラメータ数は約1750億個で，BERTの約3.4億個と比べても515倍という規模です．

GPTシリーズのソースコードやパラメータは2024年8月現在では少なくとも公開されておらず，OpenAI社が運営するWebサービスやAPI（Application Programming Interface，アプリケーションプログラミングインタフェース）[注6]を経由して利用することしかできません．これをファインチューニングするには，API経由で実行することになります．一方，GPTと類似したモデルをオープンソースで開発する取組みも進んでおり，Meta社のLLaMAやなどがあります．このようなモデルは通常のモデルと同様に，手もとのGPUでもファインチューニングを実施することができます．

画像生成においても生成AIは革新的な進展を遂げています．GAN（Generative Adversarial Networks，敵対的生成ネットワーク）やVAE（Variational AutoEncoders，変分オートエンコーダ）などの，写真のようにリアルな画像を生成，変換する手法に加えて，近年では，ユーザが入力した文章をもとに画像を生成するモデルが注目を集めています．この代表的なモデルの1つが**Stable Diffusion**です．これは，文章の内容を理解するためのCLIP（Contrastive Language-Image Pre-praining）と呼ばれるモデルと，画像を生成するための拡散モデル（Diffusion Model）と呼ばれるモデルを組み合わせたものです．オープンソースの事前学習済みモデルが公開されており，そのモデルに対してファインチューニン

注6　ソフトウェアどうしがデータをやり取りする際の仕様を取り決めたものをいいます．

グを実施することで，ユーザのニーズに合わせたカスタマイズが可能です．

（4） 強化学習

強化学習の分野では**RLHF**（Reinforcement Learning from Human Feedback）と呼ばれる手法がファインチューニングのために使われています．RLHFは事前学習済みモデルに対して，強化学習の技術を用いて人間のフィードバックを与えることで性能を向上させる手法です．前述のChatGPTの開発においても，事前学習済みモデルであるGPTをチャット形式の入力テキストを使ってファインチューニングするときにRLHFが重要な役割を果たしています．RLHFによりモデルの回答品質が向上し，より自然な対話が可能になったことに加えて，倫理的に好ましくない対話や有害な情報を出力することを防いでいます．

ファインチューニングのプロセス

ここでは，ファインチューニングのプロセスの一般的な概要を説明します．個別のタスクに対する具体的な方法はChapter 2以降をみてください．

事前学習済みモデルの選択

まず使用する事前学習済みモデルを選択します．事前学習済みモデルはファインチューニングの基盤となるため，適切なモデルを選択することが重要です．事前学習済みモデルとしては，一般的に，ターゲットとなるタスクやドメインよりも広い，一般的な特徴をとらえたものが使われます．ファインチューニングにより，このモデルをより狭いタスクに適応させ，パフォーマンスを向上させることを目指します．

例えば，画像識別タスクにはResNetやEfficientNet，自然言語処理タスクにはBERTやGPTなどがよく使用されますが，モデルの性能（精度や速度）ばかりでなく，規模（パラメータ数や計算リソースの要件）もよく考慮する必要があります．高性能なモデルを使ったほうが精度はよくなるはずですが，そのようなものは一般に大規模で，処理に多くの計算リソースを必要とします．ユースケースにおける性能と計算リソースのトレードオフを考慮して，適切なモデルを選択することが重要です．

データの準備と前処理

ファインチューニングの成功の可否は，使用する追加学習データの質と量によります．したがって，適切なデータ準備と前処理が不可欠です．必要なデータの量は，タスクの内容や，事前学習済みモデルの規模によっても変わりますが，少なくともターゲットとなるタスクやドメインの全体像を網羅できる程度は必要です．なお，データのクレンジング（cleansing）[注7]などの前処理において，事前学習済みモデルが学習した際のデータ処理方法と同様の処理を実施することで性能が改善する場合があります．

当然ながら，評価データも準備する必要があります．これはファインチューニングの成否を計測するためのものなので，対象となるタスクの代表的なケースを網羅したものが望ましいです．

実行方針の検討と実行

次に，選択した事前学習済みモデルと前処理済みのデータを使ってどのようにファインチューニングを実施するか，方針を検討します．このとき，下記のような点を検討します．

- 事前学習済みモデルの構造の一部を変更する必要があるか．変更する場合は，その構造はどのようにするか
- 事前学習済みモデル中の固定するパラメータと更新するパラメータの選択
- 最適化アルゴリズムや学習率などの学習時に必要なパラメータ
- アーリーストッピングやデータ拡張など過学習を防ぐ方法

方針が決まったら，ファインチューニングを実施します．モデルをゼロから学習する場合と比べればファインチューニングで必要な計算リソースは多くありませんが，通常はGPUやTPUなどの深層学習用の計算リソースを用います．

発展的な話題

日を追うごとに，ファインチューニングに関連する技術は進化しています．ファインチューニングの発展的な話題として，モデルの訓練時間を短縮する高速化手法や，モデルが既存の知識を保持しつつ新しい情報を学習できるしくみである**継続的学習**（Continual Learning）の手法について解説します．また，厳密にはファインチューニングではないですが，既存のLLMをドメインに適応させる手法として**RAG**（Retrieval-Augmented Generation，**検索拡張**

注7　データの誤り，欠損，重複などの不具合を修正するプロセスを意味します．

生成）についても解説します．

効率化

そもそもファインチューニングを行うメリットの１つがモデルの学習の効率化ですが，画像生成モデルやLLMなどの生成AI分野を中心に，事前学習済みモデルのサイズがどんどん巨大化しており，ファインチューニングの実行にさえも莫大な計算リソースが必要になっています．例えば，画像生成モデルの１つであるStable Diffusion 3は最大約80億，LLMの１つであるLlama 3では最大700億個のパラメータをもっています．

このような大規模モデルをファインチューニングするためには，なるべく更新するパラメータ数を抑えて実行する必要があります．このような技術を**PEFT**（Parameter-Efficient Fine-Tuning）といいます．また，PEFTには，追加学習データの量が少ない場合の過学習を防ぐ効果もあります．特に，LLMにおいては，ファインチューニングによって事前学習済みモデルが本来備えていたはずの基本的な言語能力が失われる**破滅的忘却**（Catastrophic Forgetting）と呼ばれる現象が問題となりますが，PEFTはこの発生を減らすことができるとされています．PEFTの代表的手法には，LoRA（Low-Rank Adaption），Prefix Tuning，P-Tuning，Prompt Tuningなどがあります．LoRAについてはChapter 4で詳しく説明し，ここでは残りの３つの方法について説明します．ただし，Prefix Tuning，P-Tuning，Prompt Tuningの３つは，基本的にLLMでのみ適用可能な手法です．

（1） LoRA

LoRAは，モデルパラメータのファインチューニングにより変化する差分を，近似的に少ないパラメータ数で表現することで，モデルの訓練にかかる時間とメモリ使用量を削減する手法です[4)]．その原理については4.2節で詳しく解説します．LoRAは，もともとはLLMに対して提案された手法ですが，画像生成AIでも広く用いられています．LoRAによるファインチューニングの際に使用する画像によって，顔を特定の人物に似せる，特定の姿勢の描写を精密にする，画像全体の画風を変更するなど，出力画像を特定の方向に誘導することができます．さらに，LoRAは事前学習済みモデルとの差分を学習する手法であるため，同一の事前学習済みモデルに対して複数の差分を同時に適用することができ，複数の効果を同時に得ることができます．これにより，単なる学習の効率化手法にとどまらず，プロンプトだけでは表現できない出力画像の内容コントロールにも使われています．

(2) Prefix Tuning

Prefix Tuningは，LLMを構成するトランスフォーマ（65ページで詳しく解説します）の各層の先頭にタスク固有のベクトルを追加する（プレフィックス（prefix）を付ける）ことで，ファインチューニングを行う手法です[5)]．これによって，プレフィックス部分のみを学習するだけでよくなり，ファインチューニングが高速化されます．

(3) Prompt Tuning / P-Tuning

Prompt Tuningと**P-Tuning**は，モデルのパラメータを更新するのでなく，モデルに与える指示文（prompt，プロンプト）を調整することで，特定のタスクに対する性能を向上させる手法です[6)]．当然，もとの事前学習済みモデルのパラメータは完全に固定したままですので，少ない時間で処理できます．

継続的学習

継続的学習は，モデルが新しいデータやタスクを学習する際に，既存の知識を保持しつつ，新しい情報を効率的に統合する手法です．継続的学習が必要とされる理由の１つに，前述の破滅的忘却，すなわちモデルをファインチューニングする際に，もとの事前学習済みモデルがもっていた知識が大幅に失われる現象があります．この現象は，特にLLMや画像生成モデルにおいて顕著であり，モデルの実用性を大きく制限する要因となっています．

一方，継続的学習の手法は，モデルをファインチューニングする際に，既存の知識を保持させ，追加データから得られた情報と統合させることを目指しています．これにより，モデルは継続的に進化し，過去の学習内容を忘れることなく，新しい知識を獲得できます．ここでは，継続的学習の代表的な手法として，EWC（Elastic Weight Consolidation）とER（Experience Replay）について解説します．

(1) EWC

EWCは，モデルをファインチューニングしてパラメータ更新する際に，事前学習済みモデルのパラメータの変更を制限する手法です[7)]．具体的には，事前学習済みモデルの中の重要なパラメータを確率的に推定し，重要としたパラメータの変更に対してはペナルティを科し，それらが大きく変わらないようにします．

(2) ER

ERは，事前学習時の学習データをファインチューニング時に再利用することで，事前学習済みモデルの知識を保持する手法です[8]．また，その発展的な手法として，**DGR**（Deep Generator Replay）があります．DGRは，過去の経験を直接再利用するのではなく，事前学習済みモデルから生成したデータを仮想的な過去のデータとして利用する方法です[9]．

RAG

RAGは，LLMに外部知識を組み合わせることで，より詳しく正確な応答を生成しようとする手法です．これは，モデル自体のパラメータに内在する知識だけでは不十分なタスクやドメインにおいて優れた性能を発揮します．RAGは，まずユーザからの質問にもとづいて，質問に最も関連性の高い外部データを検索（retrieverと呼ばれます）し，その後，検索結果をもとに質問に対する自然な言語での応答を生成（generatorと呼ばれます）するという２段階のプロセスを経ます．これにより，プロンプトに含めることは難しい大規模なドキュメントコーパスから適切な情報を効率的に抽出することができます．

RAGには以下のようなメリットがあります．

- **最新情報への対応**
  事前学習された後に発生した出来事や情報を検索することで，最新の情報を含む応答が可能になる
- **専門知識の保管**
  特定の専門分野に関する質問に対して，外部の専門知識を用いてより正確で信頼性の高い応答が提供できる
- **応答の多様性**
  複数の関連ドキュメントを参照することで，応答の多様性が増し，より豊かな会話が可能になる

RAGについては，Chapter 4でもう少し詳しく説明します．

MEMO

Chapter 2

画像のファインチューニング

私たち人間はイヌの画像を見れば「イヌ」と，ネコの画像を見れば「ネコ」と判断することができます．しかし，これを機械にやらせるのは非常に骨が折れます．イヌとネコの特徴の差を分析し，ルール化し，プログラムにする必要があります．これを**ルールベース**（rule base）の画像処理と呼びます．
ルールベースの画像処理はある種，職人的な世界です．対象をよく観察，分析し，画像に関するさまざまな知識や経験を総動員し，実験を繰り返しながらルールをつくり込んでいきます．このようにしてつくり込んだルールは特定の画像に対しては非常に高い精度で機能するものの，対象が変わってしまえばあてはまらず，細かい調整や，ルールそのもののつくり直しが必要になります．
対して，画像における機械学習とは，人手を介さず大量のデータから機械自身がルールを学習し，獲得するという試みです．対象が変わっても，新たなデータを用意するだけで機械が学習によって新しいルールを獲得してくれます．
機械学習には，大規模なデータセットと高い計算能力が必要となりますが，転移学習やファインチューニング技術を活用することで，既存のモデルを再利用しつつ，特定のタスクやデータに特化したモデルをつくることができるのです．

このChapterで取り扱うタスクと機械学習モデル

本Chapterは幅広く，画像に関する機械学習モデルのファインチューニングを取り扱います．

実務においては，求められる成果を得るために複数のモデルを組み合わせることが多く，また，教師データがどれくらい得られるかといったことや，推論速度等の制約についても考慮する必要があります．こういった現場の実情を踏まえ，このChapterで取り扱うモデルには，実務においてニーズが高く，応用が利くものを筆者の経験にもとづいて選びました．

具体的に本Chapterで取り扱うタスクは以下のとおりです．

タスク1：画像分類

画像分類（image classification）とは，与えられた画像を事前に定義されたいくつかのラベルに分類するタスクです．

まず，2.1節では，ごくオーソドックスな画像分類モデルを取り扱います．これでも，各ラベルの教師画像が豊富に手に入る場合，また，ターゲットのみをきれいに画像の中心に収めるように撮影できる場合には，適切なモデルになります．

次に，2.2節では，画像分類モデルの応用として**距離学習**（metric learning）を取り扱います．このモデルは，分類モデルにわずかにコード修正をするだけで実装できるにもかかわらず，分類精度の向上や，推論結果の応用の幅を広げることができるという有用なものです．

タスク2：物体検出

物体検出（object detection）は，与えられた画像から，事前に定義したラベルの物体を見つけ出すタスクです．例えば，製品の外観検査システムにおいて，撮影した画像のどこに製品が写っているのかを見つけたい，というのもこのタスクに該当します．

2.3節では，物体検出モデルとして**YOLO**を扱います．このモデルを使用すると，より高速に物体検出が可能です．

タスク3：教師なし異常検知

教師なし異常検知（unsupervised anomaly detection）は「正常品のみのデータを学習して，異常品を検知する」というタスクです．

2.4節では教師なし異常検知モデルとして**PatchCore**を扱います．このモデルは「正常データのみを学習し，異常データを検出する」ことを目的としており，異常データがわずかしか手に入らない場合などに有効です．ただし，PatchCoreは学習によるパラメータ更新をしないため，厳密にいうとファインチューニングではありませんが，実務においては教師なし異常検知のニーズが大きいため取り上げています．

画像ファインチューニングのしくみ

細かなレシピの説明の前に，画像に関するモデルのファインチューニングについて，しくみをみておきましょう．

なお，本Chapterではさまざまな画像に関するモデルを取り扱いますが，そのほとんどは**CNN**（Convolutional Neural Network，**畳み込みニューラルネットワーク**）モデルをベースとして，画像からの特徴量抽出を行うものです．つまり，画像におけるファインチューニングとは多くの場合，CNNモデルのパラメータを更新する処理です．よって，まず，CNNモデルについて解説します．

CNNモデルのしくみ

図2.1に，CNNモデルの概略を示します．ひと言でいえば，CNNモデルとは，**畳み込みフィルタ**（convolution filter）と画像を縮小する**プーリング層**（pooling layer）を多層に接続したモデルです．画像データがこのモデルのネットワークを通ると，畳み込みフィルタによってさまざまな特徴量が抽出されます[10]．なお，畳み込みフィルタとは，機械学習や深層学習の固有の技術ではなく，古典的なルールベースの画像処理から活用されている技術です．

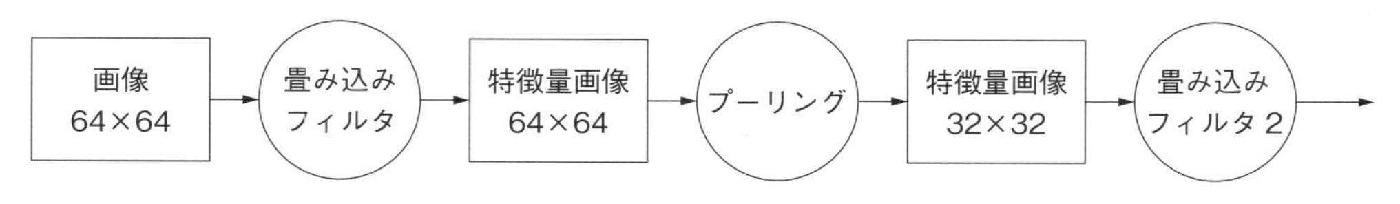

図2.1　CNNモデルの概略

画像データを準備する

画像データ（image data）とは，画像をデータによって表現したものをいいます．画像データは多数のピクセル（画素）で構成されています．ピクセルに分割されている度合いを**解**

像度（resolution）といいます．画面の解像度を表す規格の１つにフルHD（1080p）がありますが，これは横1920ピクセル，縦1080ピクセル，合計2073600ピクセルであることを示します．

１ピクセルは0から255の輝度値をもっています．0であれば真っ黒，255であれば真っ白となります．この輝度値により濃淡をもつモノクロ画像を表現することができます．カラー画像の場合は１ピクセルごとにRGB（赤・緑・青の三原色）の輝度値をもち，さまざまな色を表現することができます．

モノクロ画像の場合，１ピクセルが255段階＝８ビット＝１バイトのデータになっています．また，縦100ピクセル，横100ピクセル，１バイトのモノクロ画像をベクトルの形で表すと，[100, 100, 1]となります．さらに，カラー画像であれば，１ピクセルごとにRGBの値をもつため情報量がモノクロの３倍になり，24ビット（＝３バイト）のデータになります．これをベクトルの形で表すと，[100, 100, 3]となります．以下では簡単のためにモノクロの場合について説明します．

つまり，**画像データ**とは，**図 2.2**のように格子状に1～255までの値が並んでいる２次元の配列データです．値が0で完全な黒，255で完全な白（その間は，値が大きいほど濃い灰色）に相当します．

11	95	11	144	122
100	255	18	134	56
124	100	0	11	0
0	33	5	75	23
1	100	255	100	11

図 2.2　モノクロ画像データの構造

畳み込みフィルタにかける

画像データから特徴量（5ページ参照）を抽出する畳み込みという手法について説明します．**畳み込み**（convolution）とはあるピクセルに注目するとき，合わせてその周囲のピクセルも考慮して画像を変換し，特徴量を抽出する手法です．

畳み込みフィルタの１つである**平滑化フィルタ**（smoothing filter）を例にして説明します．まず平滑化フィルタの配列を定義します（**図 2.3**）．

$\frac{1}{9}$	$\frac{1}{9}$	$\frac{1}{9}$
$\frac{1}{9}$	$\frac{1}{9}$	$\frac{1}{9}$
$\frac{1}{9}$	$\frac{1}{9}$	$\frac{1}{9}$

図 2.3　大きさ3×3の平滑化フィルタ

平滑化フィルタへの入力画像を$f(i, j)$，出力画像を$g(i, j)$とするとき，次式のように画像の変換を行います．

$$g(i, j) = \sum_{n=-W}^{W} \sum_{m=-W}^{W} f(i+m, i+n)\ h(m, n) \tag{2.1}$$

ここで，$h(m, n)$はフィルタ配列の各係数を表しています．フィルタの大きさは$(2W-1) \times (2W+1)$となります．今回は3×3のフィルタのため，$W = 3$となります．式 (2.1) はフィルタ配列と画像配列の積をとり，総和を計算する処理に相当します．総和を計算することによって，周囲のピクセルの情報を畳み込む（考慮する）ことができます．

図 2.4 は平滑化フィルタの適用イメージです．画像の左上3×3の領域と畳み込み演算を行いたい画像の積の和を計算し，変換後のピクセル値を得ます．このように，平滑化フィルタでは単にフィルタをかける領域の平均ピクセル値が計算されます．この処理を１ピクセルごとにスライドして繰り返し，画像全体を変換します．

実際に，画像に平滑化フィルタをかけた結果を**図 2.5** に示します．平滑化フィルタをかけると全体がぼやけたような画像になることがわかります．

一般に，畳み込みフィルタは領域内のほかのピクセルの情報を用いて計算するのが特徴です．これにより，周囲のピクセルとの関係性を考慮して特徴量を抽出することができます．

また，畳み込みフィルタの係数を変えれば，抽出する特徴量を変えることができます．例えば，**図 2.6** は輪郭を抽出する**ソーベルフィルタ**（sobel filter）と呼ばれる畳み込みフィルタです（**図 2.7**）．

以上のとおり，タスクやターゲットに適したさまざまなフィルタを設計し，適用することで，画像からさまざまな特徴量を抽出することができます．

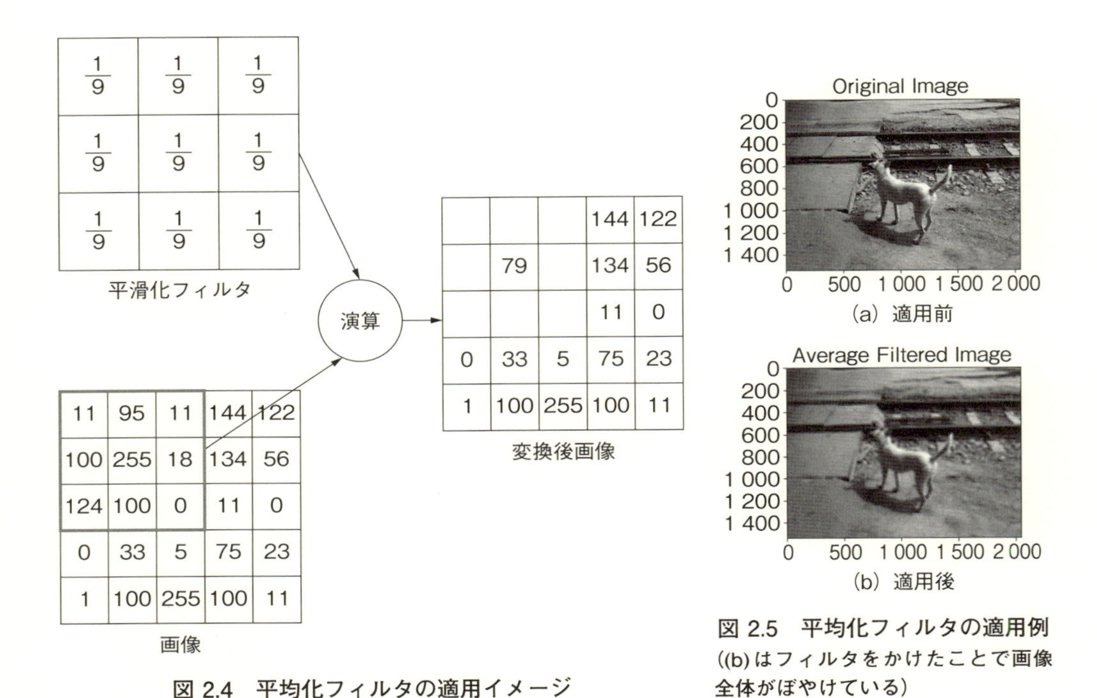

図 2.4　平均化フィルタの適用イメージ

図 2.5　平均化フィルタの適用例
((b) はフィルタをかけたことで画像全体がぼやけている)

1	2	1
0	0	0
−1	−2	−1

図 2.6　ソーベルフィルタ

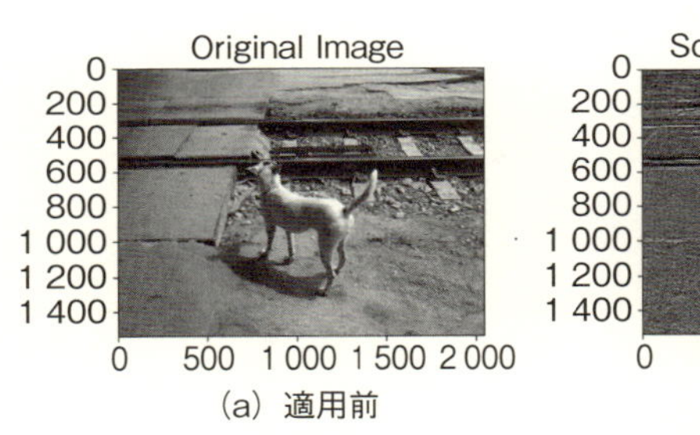

(a) 適用前

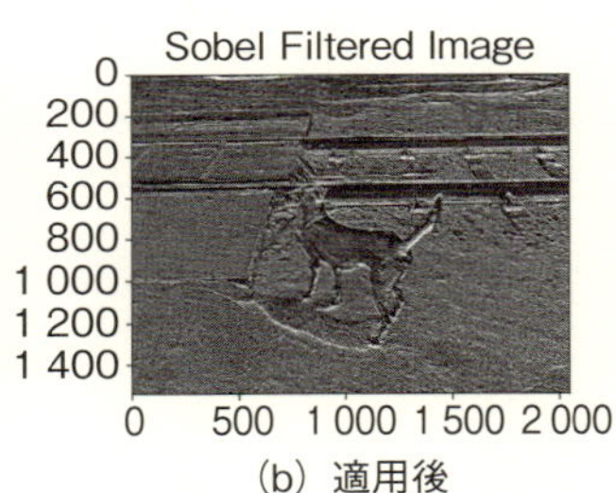

(b) 適用後

図 2.7　ソーベルフィルタの適用例

CNNモデルにかける

CNNとは，ここまでの解説を踏まえていうと，画像に対していくつもの畳み込みフィルタをかけて，画像データを次々と特徴量に変換させていくネットワークです．再度，CNNモデルの概略図をみてみましょう（**図 2.8**）．

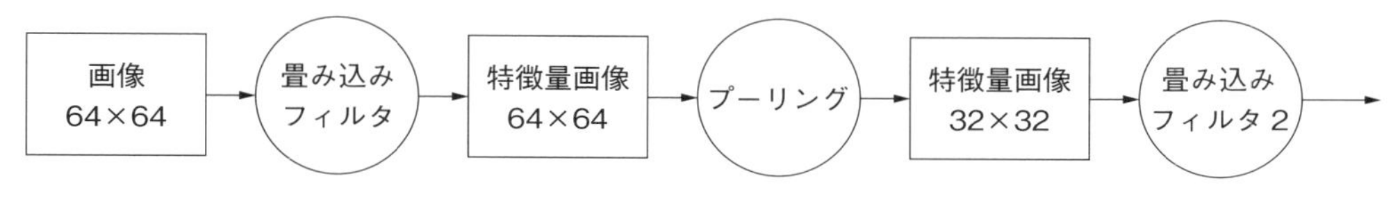

図 2.8　CNN モデルの概略（再掲）

１層目のフィルタによって特徴量に変換された画像は，次に２層目のフィルタに渡され，さらに特徴量が抽出されます．ここで，途中にある**プーリング層**は画像のサイズを縮小する役割をします．プーリング層が必要になる理由は，畳み込みフィルタは周辺ピクセルを考慮して特徴量を作成しますが，これは画像内部の局所的な特徴量の抽出だからです．より大域的な特徴を抽出するために，プーリング層により画像サイズを小さくして，画像に対して相対的にフィルタのサイズを大きくしています．これらのしくみにより，局所的な部品やテクスチャなど，さまざまなレベルで特徴量をとらえることができます．

CNN モデルの最終出力を得る

CNN の最終層まで伝達された特徴量は，最終出力層の次元のベクトルに変換されます．画像分類モデルでは最終出力層の次元数を分類したいクラス数にします．例えば，イヌ／ネコ判別モデルであれば，分類したいクラス数は２であるため，最終層の出力次元を２次元にします（**図 2.9**）．

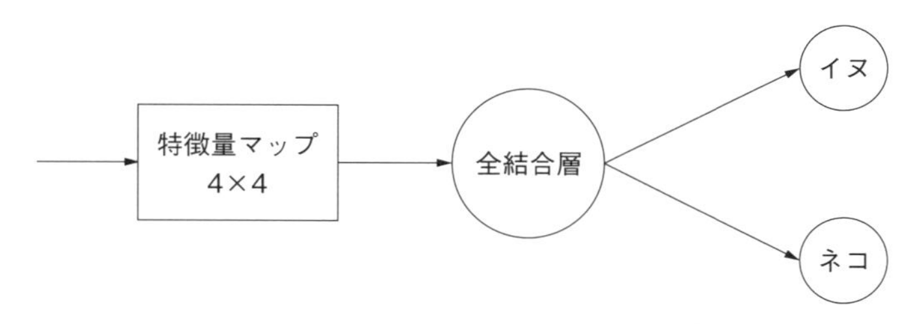

図 2.9　CNN の最終出力のイメージ

一方，CNN モデルによる一連の特徴量抽出の結果，最終出力は [0.8, 0.2] のような，これだけだとまったく意味をなさないベクトルとなります．ここで，教師データを使って答え合わせを行います．例えば，出力の２次元ベクトルの１次元目がイヌ，２次元目がネコとすると，入力した画像がイヌラベルであれば，[1.0, 0.0] という正解ラベルデータを使って答え合わせをします．

細かい計算式は後述しますが，正解ラベル [1.0, 0.0] に対して，[0.8, 0.2] という結果は [0.2, 0.2] だけ間違えてしまっているということです．よって，この「間違えた分」を補正するように，畳み込みフィルタのパラメータを修正します．このパラメータの修正がすなわち学習に相当し，学習を進めるほど，イヌとネコを見分けるために必要なフィルタをモデルが獲得していきます．

損失を計算する

先に，モデルの推定ラベルと真のラベルを比較し，「間違えた分」を補正するようにフィルタのパラメータを更新すると説明しましたが，この「間違えた分」を損失（loss）と呼び，損失を計算する関数を**損失関数**（loss function）と呼びます．

損失関数にはさまざまな種類がありますが，画像をラベルに分類する分類問題においては一般的に**交差エントロピー誤差**（cross entropy error，**クロスエントロピー誤差**）が使われます．これは次式によって計算されるものです．

$$L = -\sum_{i=1}^{N} y_i \log(p_i) \tag{2.2}$$

ここで，N は分類クラスの総数，y_i は真のラベル，p_i はモデルが推論したラベルです．交差エントロピー誤差は，予測が実際のラベルと一致すると小さくなり，予測が外れるほど大きくなります．

CNNモデルの学習をファインチューニングする

ここまでの説明を踏まえると，CNNモデルとは複数の畳み込みフィルタによって構成されたもので，CNNモデルにおける学習とは，与えられたデータを適切に分類できる畳み込みフィルタのパラメータを探索することだといえます．

なお，以下で扱うCNNモデルは**ImageNet**というオープンデータセットで事前学習されています[11)]．ImageNetは，数百万枚の画像と数千のカテゴリを含む大規模なデータセットであり，画像に関する機械学習において広く活用されています．

つまり，以下で扱う事前学習済みモデルはImageNetを分類するための畳み込みフィルタのパラメータを獲得しているモデルです．ファインチューニングにおいては，このパラメータを起点とし，新たなデータセットで追加学習を行います．ImageNetはすでに輪郭抽出などの一般的な特徴量抽出フィルタを備えているため，ファインチューニングでも効率的な学習を行うことができます．

FINE TUNING RECIPES

2.1 画像分類のファインチューニング

前述のCNNモデルのファインチューニングを行います.

画像分類とは，与えられた画像を事前に定義されたいくつかのラベルに分類するタスクのことです．CIFAR-10という画像分類でよく使われる基礎的なデータセット[12)]を用いて，与えられた画像を飛行機，自動車，鳥などの10種類の画像に分類します.

データセット

データセットは**CIFAR-10**を用います．これには，乗り物や動物などの10種類の**クラス**（class）[注1]に分類された総計6万枚の画像が収録されています．しかし，すべてのデータを使うと学習に非常に時間がかかるため，訓練データとして5000枚，評価データとして1000枚をランダムに抽出して使用します.

評価指標

評価指標には**正解率**（accuracy rate）を採用します．これは単純に，モデルの推定ラベルが真のラベルに対してどれくらい正解したかを計算したものです．詳しくはAppendixを参照してください.

モデル

モデルには**ResNet**を扱います[13)]．ResNetは2015年に発表された比較的古いCNNモデルですが，現在でも分類問題をはじめ，さまざまな画像モデルのベースモデルとして活用されています.

注1　モデルが画像を分類するためのカテゴリやラベルのこと．例えば，イヌとネコを分類する場合，「イヌ」と「ネコ」がクラスにあたります.

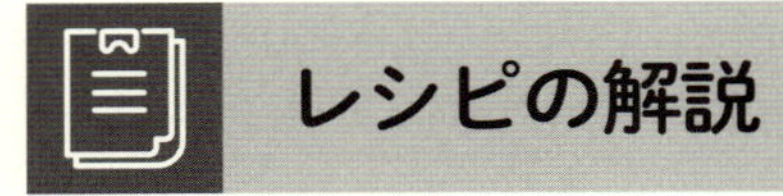

レシピの解説

ResNetのファインチューニングは以下のようなステップで行います．

- **モデルの作成**：大規模なデータセットで訓練されたモデルを用意する
- **出力次元の変更**：モデルの出力層を，得たいクラス数に適合するように調整する
- **学習**：訓練済みモデルを，用意したデータセットで学習する

事前準備1 ライブラリのインストール

以下のライブラリを利用します．

- pytorch：2.3.0

事前準備2 データの準備

機械学習ライブラリであるPyTorchは，機械学習で使用するさまざまなデータセットを提供しています．今回使用するCIFAR-10もPyTorchから簡単に取得することができます．

chapter2/classification.py

```
1  def get_cifar10_train_test_loader(
2      train_samples: int = 5000,
3      test_samples: int = 1000,
4      resize: tuple[int, int] = (64, 64),
5      batch_size: int = 32,
6  ):
7      # 画像をリサイズして，テンソルに変換する関数
8      transform = transforms.Compose([transforms.Resize(resize), transforms.ToTensor
   ()])
9
10     # 訓練データセットの作成
11     train_dataset = datasets.CIFAR10(
12         root="./data", train=True, download=True, transform=transform
13     )
14     # データセットからランダムにデータを取得する
15     train_sampler = get_random_sampler(train_dataset, train_samples)
16     # 学習データローダの作成
17     train_loader = DataLoader(
18         train_dataset, batch_size=batch_size, sampler=train_sampler
```

```
19      )
20
21      # 検証データセットの作成
22      test_dataset = datasets.CIFAR10(
23          root="./data", train=False, download=True, transform=transform
24      )
25      # データセットからランダムにデータを取得する
26      test_sampler = get_random_sampler(test_dataset, test_samples)
27      # 検証DataLoaderの作成
28      test_loader = DataLoader(test_dataset, batch_size=batch_size, sampler=
    test_sampler)
29      return train_loader, test_loader
```

15行目では，ランダム抽出のための**サンプラー**[注2]を作成しています．これは，CIFAR-10のデータ量が多すぎて学習に非常に時間がかかるので，データ量を削減する目的で行っています．よって，すべてのデータを使って学習したい場合にはこの処理は不用です．

また，17行目では，データローダを作成しています．これは，指定したバッチサイズでデータセットからデータを取り出すためのクラスです．続いて，先に作成したランダム抽出のためのサンプラーをセットすることで，データをランダムに抽出する処理を挿入できます．

さらに，21行目以降では，同様の処理で検証データセットを作成しています．一般的に，モデルは学習した訓練データに対しては高い精度を出します．訓練データはモデルにとって，すでに知っているデータだから当然です．したがって，モデルの精度を確認するには，訓練データに含まれない，モデルが知らないデータで検証をする必要があります．今回は，1000枚の画像を検証用のデータとしています．

事前準備3 モデルの作成

モデルを作成します．ImageNetによる事前学習済みのモデルはPyTorchにデフォルトで用意されているので，これを活用し，ファインチューニング用のモデルをつくるget_model()関数を作成します．

chapter02/1-1_classification.ipynb

```
1  def get_model(pretrained: bool = True, state_dict: dict | None = None):
2      # 事前学習済みのResNetモデルをロード
3      model = models.resnet50(pretrained=pretrained)
```

注2　ここではあるルールにしたがってデータを抽出するオブジェクトを指します．

```
4      # ResNetの最後の全結合層をクラス数に置き換え
5      model.fc = nn.Linear(model.fc.in_features, 10)
6      if state_dict is not None:
7          model.load_state_dict(state_dict)
8
9      # デバイスの選択，GPUが使用可能なら使う
10     device = torch.device("cuda:0" if torch.cuda.is_available() else "cpu")
11     model.to(device)
12     # 損失関数の設定
13     criterion = nn.CrossEntropyLoss()
14     # オプティマイザの設定
15     optimizer = optim.Adam(model.parameters(), lr=0.001)
16     return model, criterion, optimizer
```

3行目で事前学習済みモデルをロードし，5行目でモデルの最終層の出力を10次元に変更しています．この修正によって，デフォルトの21000クラス分類モデルによる特徴量抽出の重みはそのままにして，10クラス分類モデルを作成できます．

10行目では，GPUが使用可能ならばGPUを使う設定をしています．

また，13行目は学習，つまりモデルのパラメータ更新を行う際の損失の計算方法を指定しています．ここでは，交差エントロピー誤差を指定しています．

COLUMN

モデルの出力次元数と分類クラス数の関係

最終層の出力次元数を変更すると，なぜ分類クラス数が変わるのかについて簡単に説明します．

分類モデルは，例えば，イヌかネコかを見分けるモデルだと説明しましたが，画像を入力するとモデルが「イヌ」という出力を返してくれるわけではありません．前述したように，イヌ／ネコ分類モデルの出力は[0.9, 0.1]といった2次元のベクトルです．これは，第1要素がイヌあるいはネコのスコア，第2要素がネコあるいはイヌのスコアを示しています（どちらがイヌ、ネコに対応するかは訓練データの与え方次第です）．いいかえると，分類モデルの出力は，分類モデルがすでに知っているラベルすべてについてのスコアとなります．したがって，一般的には，最もスコアの高いラベルをモデルの推定ラベルとして扱います．

つまり，モデルの**出力ベクトル**（output vector）は，モデルの最終層における出力次元数となります．ImageNet[11]は21000クラスのデータセットであるため，何もしなければ，モデルの最終層も21000の出力次元数になるということです．このままでは使い勝手が悪いので，**図2.10**のように，特徴量抽出を終わった後の最終層だけを差し替えて，所望のクラス数

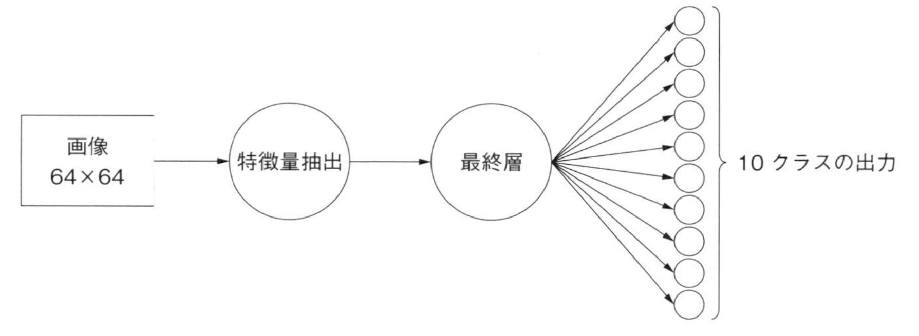

図 2.10 ResNetの最終出力イメージ

に変換します．

例えば，10クラス分類のモデルをつくりたいとすれば，最終層だけを差し替えてクラス数を10に変更します．これにより，事前学習済みモデルの重みはそのままで，10クラス分類モデルを作成できます．対して，モデルの入力は，今回は縦横ともに64ピクセルの画像データとしています．カラー画像の場合，各画素にRGB各色のデータをもつため，データ量は $64 \times 64 \times 3 = 12288$ 次元となります．すなわち，作成したモデルは，12288次元のデータを10次元に変換するモデルともとらえることができます．

(1) 学習コード

データローダとモデルを受け取って，学習を行うコード（学習コード）を作成します．ここで定義しているtrain_epoch()関数は，すべての学習データを使って1回だけモデルを学習します．この「すべての学習データでモデルを学習するサイクル」を**エポック**（epoch）と呼びます．

chapter02/1-1_classification.ipynb

```
1  def train_epoch(model, train_loader, criterion, optimizer, device):
2      # モデルをtrainモードにする
3      model.train()
4      # 損失を記録する変数を定義
5      running_loss = 0.0
6
7      # ミニバッチごとにループを回す
8      for images, labels in tqdm(train_loader, total=len(train_loader)):
9          images, labels = images.to(device), labels.to(device)
```

```
10
11            # 勾配を初期化する
12            optimizer.zero_grad()
13            # 準伝搬
14            outputs = model(images)
15            # 損失関数を計算
16            loss = criterion(outputs, labels)
17            # 逆伝搬
18            loss.backward()
19            # パラメータ更新
20            optimizer.step()
21            # ミニバッチの損失を計算し記録する
22            running_loss += loss.item()
23
24        # 1エポックあたりの平均損失を計算する
25        avg_loss = running_loss / len(train_loader)
26        return avg_loss
```

まず，8行目で1バッチ分の学習データを取り出しています．これは，使えるメモリの容量の関係ですべての学習データを一括してメモリにロードすることができないので，小さなバッチ（**ミニバッチ**（mini batch））に区切って学習を実施するためです．また，すべてのデータで一括して学習するよりも，ミニバッチでステップごとに学習したほうが**汎化性能**（generalization performance）[注3]が高くなる傾向があります．ここで，1バッチ分のデータを取り出すためには，データローダを使用しています．データローダを使うと，for文で簡単にデータを扱うことができます．

また，12行目から23行目が実際にモデルを学習するコードです．16行目で学習データを**推論**[注4]させています．しかし，モデルはまだ学習が十分でないため，間違った推論ラベル（outputs）を出力しています．18行目で推論ラベルと正解ラベルを比較し，その差である損失を計算しています．

さらに，20，22行目で損失をモデルに伝え，パラメータの更新をさせています．すなわち，モデルは損失をより小さくするようにパラメータを更新し，結果的に分類のための特徴量抽出器を学習していきます．

注3　モデルが学習データではなく，新しい未見のデータに対してどれだけ正確に予測できるかを示す指標です．モデルの実用性を評価するために重要です．

注4　学習済みモデルを使用して，新しいデータに対して予測や判断を行うプロセスのこと．

学習の実施

ここまでつくってきたモデル，データ，学習コードをまとめて，学習を実施するrun()関数を作成します．

chapter02/1-1_classification.ipynb

```
def run(
    train_samples: int = 1000,
    test_samples: int = 1000,
    pretrained: bool = True,
    num_epochs: int = 50,
):
    # 事前学習済みのResNetモデルをロード
    model, criterion, optimizer = get_model(pretrained=pretrained)

    # データをロードする
    train_loader, test_loader = get_cifar10_train_test_loader(
        train_samples=train_samples, test_samples=test_samples
    )

    result = []
    output_dir = Path(
        "output",
        "classification_cifar10",
        "pretrained" if pretrained else "un_pretrained",
        f"train_samples_{train_samples}",
    )

    os.makedirs(output_dir, exist_ok=True)
    for epoch in range(num_epochs):
        # 学習
        train_loss = train_epoch(model, train_loader, criterion, optimizer, device)
        # 検証
        val_loss, predicted_output, true_label = validate_epoch(
            model, test_loader, criterion, device
        )
        # predicted_output と true_label から正解率を計算する
        _, predicted_class = torch.max(predicted_output, dim=1)
        assert predicted_class.size() == true_label.size()
        correct = (predicted_class == true_label).sum().item()
```

```
35          total = true_label.size(0)
36
37          # 正解率の計算
38          accuracy = correct / total
39          result.append(
40              {"train_loss": train_loss, "val_loss": val_loss, "accuracy": accuracy}
41          )
42
43          # 結果の表示
44          print(f"Epoch {epoch+1}/{num_epochs}", result[-1])
```

学習の後に，28行目で**検証**（verification）という処理を実施しています．また，32行目から41行目では検証データの正解率を計算しています．前述したように，10種類のクラスに分類するため，モデルの出力は10次元ベクトルとなっており，その各要素はそれぞれのラベルの確率を表しています．この出力結果から最も確率の高いラベルを選び，推論ラベルとして採用します．そして，推論ラベルを正解ラベルと比較し，正解率を計算します．

評価

✔ 学習曲線の確認

上記のコードを実行し，結果を確認してみましょう．

図2.11はエポックごとの損失の推移を可視化したものです．このような図を**学習曲線**（learning curve）と呼びます．

ここで，train lossは学習時の損失のことであり，学習データに対する損失です．train lossが順調に下がっているため，エポック数が増えるにつれて，モデルの学習が順調に進むことが確認できます．また，val lossは検証時の損失のことであり，検証データに対する損失です．こちらは，ばらつきながら下降し，15エポックくらいから，ゆるやかに上がっていることが確認できます．

このように，「train lossは下がっていくが，val lossが上がっていく」状態を**過学習**（overfitting，**オーバフィッティング**）と呼びます．過学習したモデルは学習済みのデータに対しては非常に高精度に分類できますが，未知のデータの対しては精度を発揮できないモデルとなっており，望ましい状態ではありません．しかし，今回の学習においては，val lossはゆるやかに上がっているとはいえ，ほとんど停滞しているので，そこまで過学習が問題にならないでしょう．

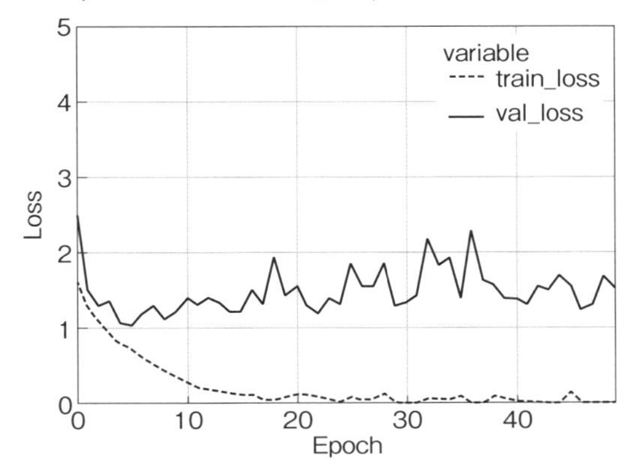

図 2.11　コードの実行結果の学習曲線
（モノクロで判別可能にするため，実際の実行結果では赤い線を太い実線に，青い線を点線としてある．また，背景をとって実際の実行結果では白い線を細い実線とした）

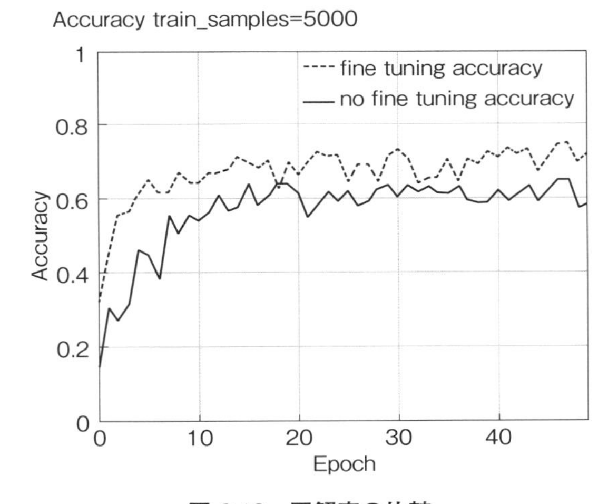

図 2.12　正解率の比較
（モノクロで判別可能にするため，実際の実行結果では赤い線を太い実線に，青い線を点線としてある．また，背景をとって実際の実行結果では白い線を細い実線とした）

今度は，損失ではなく，ラベルの正解率を可視化してみます．**図 2.12** は検証データの正解率のグラフです．ファインチューニングを行った場合と，行っていない場合を比べています．ここで，行っていないモデルとは，ResNetの出力を10次元に変更し，重みをすべて0にした状態のモデルのことです．

✔ 推論結果の確認

モデルの推論結果から，推定ラベルを特定する処理を作成します．

モデルの出力は各クラスのスコアという形で，連続値が出力されます．このスコアから，最終的な推定クラスを求めますが，今回は単純に最もスコアの高いクラスを推定クラスとします．

このため，torch.max() 関数を使って，スコア配列から最も高い値をもつインデックスを抽出します．

chapter02/1-1_classification.ipynb

```
1  # 最大値とそのインデックス（ラベル）を取得
2  _, predicted_labels = torch.max(predictions, dim=1)
3
4  # predicted_labels は各サンプルに対する最も確率が高いラベルのインデックス
5  print(predicted_labels)
```

✔ ファインチューニングの効果

ファインチューニングの効果を検証してみましょう．評価データ5000枚の学習を，ファインチューニングの有無で比較したものが**図 2.13** です．なお，ファインチューニングなしのほうでは，ランダムなパラメータから学習をスタートさせています．

図より，ファインチューニングをしたほうが収束がわずかに早いことがわかります．

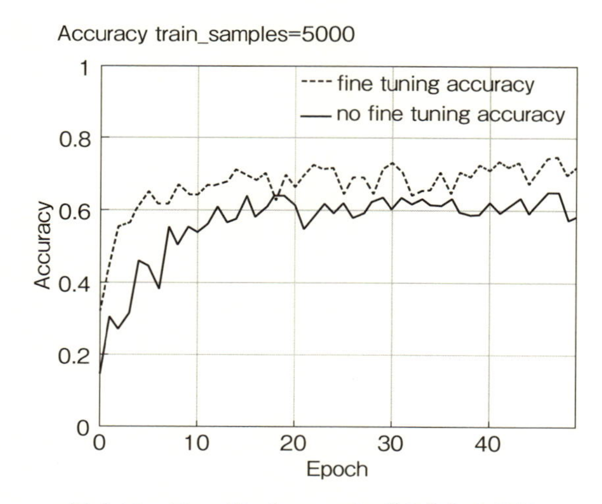

図 2.13　ファインチューニングの有無の比較
（モノクロで判別可能にするため，実際の実行結果では赤い線を太い実線に，青い線を点線としてある．また，背景をとって実際の実行結果では白い線を細い実線とした）

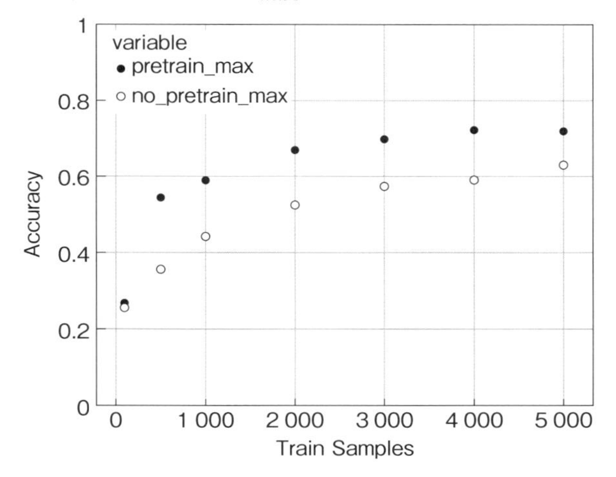

図 2.14　訓練データの量を 100, 500, 1000, 2500, 5000 と変化させたときの各学習での評価データの正解率
（モノクロで判別可能にするため，実際の実行結果では赤い線を太い実線に，青い線を点線としてある．また，背景をとって実際の実行結果では白い線を細い実線とした）

学習データ量に対する精度の変化をみるために，データの量を減らして実験してみましょう．一般的に，データ量が少ないほど精度は低くなります．**図 2.14** は，学習データの量を 100, 500, 1000, 2500, 5000 と変化させたときの，各学習での評価データの正解率をプロットしたものです．

どちらのモデルもデータが増えるほど精度が高くなっていますが，ファインチューニングありのほうが，なしよりも精度が高いことが確認できます．

応用レシピ

損失関数の変更

損失関数は，モデルの推定ラベルと正解ラベルの差分をどのように評価するかを定義するという，とても重要な役割を担います．

今回は最も一般的な交差エントロピー誤差を使用しましたが，これを変えることで，モデルの振舞いが変わります．なお，2.3 節では，損失関数をデータポイント間の距離に置き換えた距離学習を説明しています．

FINE TUNING RECIPES

2.2 物体検出モデルのファインチューニング

2.1節ではCNNモデルのファインチューニングを扱いましたが，簡単なファインチューニングであってもそれなりの量のコードを書く必要がありました．本節では物体検出タスクに取り組みますが，なるべく少ないコードでファインチューニングを実施します．

プロジェクト初期においては，手法やモデルの実現可能性をすばやく検証したい場合が多いです．ここで紹介する**ultralytics**というツールは，物体検出のみならず，さまざまな画像モデルを簡単に扱うことができ，モデル検証のプロセスを効率化することができます．

物体検出（object detection）とは事前に定義されたラベルの物体を，画像内から検出するタスクのことです．物体検出のタスクでは，対象の位置を**バウンディングボックス**（bounding box，**矩形領域**）で特定します．また，似たようなタスクに，**セグメンテーション**（segmentation）のタスクがあります．セグメンテーションのタスクでは，対象位置をバウンディングボックスのかわりに，ピクセル単位で検出します．

実際に物体検出の例をみてみましょう．**図2.15**（42ページ）の写真で，ゾウを囲っている赤い四角がバウンディングボックスです．`elephant`というラベルが付いており，ゾウを検出できていることがわかります．ここで，ゾウの体全体のうち赤く塗られているところがセグメンテーションの結果です．ゾウの体は正確に検出できていますが，牙の部分がもれていることがわかります．

物体検出やセグメンテーションにおいても，大規模データセットで事前学習されたモデルが公開されており，またライブラリも整備されているため，少ないコードを足すだけで，自分のデータを使ったファインチューニングが可能になっています．

一方，物体検出やセグメンテーションのタスクにおいて最大の障壁は教師データの作成です．物体検出には学習したい対象をすべて矩形で囲った教師データ，セグメンテーションには学習したい対象をすべて多角形ポリゴンで囲った教師データを作成する必要があり，これには膨大な労力がかかります．

レシピの概要

データセット

GlobalWheat2020というコムギの頭部の画像を集めたデータセットを使用します[14)].

評価指標

物体検出モデルにおける評価指標としてよく用いられる**IoU**（Intersection over Union）を使用します.

なお物体検出モデルは，画像内の対象をバウンディングボックスで検出するモデルですから，実際のバウンディングボックスとモデルが予測したバウンディングボックスの重なる面積が大きいほど，精度のよいモデルといえます．IoUは次式で定義される評価指標です.

$$\mathrm{IoU} = \frac{\text{予測ボックスと実際のボックスが重なる面積}}{\text{予測ボックスと実際のボックスによる和集合の面積}}$$

モデル

モデルには**YOLO**を使用します[15)]．YOLOは2015年に公開された物体検出モデルです．現在では，さまざまなバージョンがあります.

YOLOの最大の特長は従来の物体検出（R-CNNなど）よりも推論速度が速いことです．このため，リアルタイムの物体検出に適しています．推論速度が速い理由は，従来のモデルが検出プロセスを画像内の領域候補検出とクラス分類という複数のステップに分けている（その結果，同じ画像を複数回処理する必要がある）のに対し，YOLOは物体の位置とクラスを同時に予測する（同じ画像を１回処理するだけ（You Only Look Once）でよい）からです.

今回は，Ultralytics社が開発しているYOLOv8[注5]を使用します．YOLOv8はコマンドによる学習やセグメンテーション，物体追跡などの機能もデフォルトで実装しており，これを使えば手軽にYOLOモデルを活用できます.

事前準備 1 ライブラリのインストール

以下のライブラリを利用します.

- ultralytics：8.2.0

注5　https://docs.ultralytihhcs.com/ja　（2024年８月現在）

事前準備 2 データの準備

物体検出の学習には，対象の画像と画像内の物体の位置，ラベルが必須になります．ここで，物体検出用のデータセットの形式として広く利用されているものとしては，COCO，PASCAL VOCなどがあります[16, 17]．

今回扱うモデルであるYOLOでは，YOLOの指定する形式でラベルと位置情報を記述したファイルが必要です．自分で学習データを作成する場合には，後述のアノテーションツールを使えばYOLO形式で出力できます．

事前準備 3 学習の設定

YOLOv8では，学習の設定ファイルが必要です．これにはデータセットのパスとラベルのリストを含める必要があり，以下のような形式になります[注6]．

```
# Train/val/test sets as 1) dir: path/to/imgs, 2) file: path/to/imgs.txt, or 3) list: [
path/to/imgs1, path/to/imgs2, ..]
path: ../datasets/coco8  # dataset root dir
train: images/train  # train images (relative to 'path') 4 images
val: images/val  # val images (relative to 'path') 4 images
test:  # test images (optional)

# Classes (80 COCO classes)
names:
  0: person
  1: bicycle
  2: car
  # ...
  77: teddy bear
  78: hair drier
  79: toothbrush
```

ただし，今回はすでに用意されているデータセット，設定ファイルを使用するので，これらの作業は必要ありません．

注6　https://docs.ultralytics.com/datasets/　（2024年8月現在）

学習の実施

YOLOv8の学習コードを作成します．

chapter02/2-1_detection.ipynb

```
1  model = YOLO("yolov8n.pt")
2  model.train(data="GlobalWheat2020.yaml", epochs=100)
```

1行目で事前学習済みモデルをロードしています．また，2行目でGlobalWheat2020データによるファインチューニングを行っています．ここで，GlobalWheat2020.yamlは設定ファイル名です．

評価

ファインチューニングモデルによる検証

学習したモデルにコムギの画像を推論させると，コムギの頭部をしっかりと認識できていることがわかります（**図 2.16**）．

chapter02/2-1_detection.ipynb

```
1  model.predict("data/org_image/Wheat.png", save=True)
```

応用レシピ

前処理として物体検出タスクを使う

対象を分類モデルやルールベースのアルゴリズムにかけて適切な出力を得るためには，その対象がなるべく画像中央に大きく，かつ，きれいに撮影されている必要があります．しかし，周辺環境や条件によっては，「どこかにターゲットが写っている画像」しか選られないこともよくあります．その場合，対象をうまく検出できないことが問題になります．こんなときに，画像内から対象を検出するために前処理として物体検出のタスクを使うことがあります．

図 2.16　コムギの頭部の画像に対する推論結果

例えば，製造ライン上を流れる部品の品質検査をしたい場合，そのまま分類モデルのタスクを使用すると，画像の端にきた部品の品質検査が甘くなります．対策として，まず物体検出モデルでライン上の部品を検出して，その後，分類モデルで不良品を見分けるといったアプローチが考えられます．

図 2.15　物体検出とセグメンテーションの例

トラッキングのタスクを行う

1枚の静止画像ではなく，動画から物体を検出して，その動きを解析したいというときは，物体検出ではなく**トラッキング**（tracking，**追跡**）のアプローチが必要になります．トラッキングにおいては，各フレームで検出されたターゲットが同一のものか，そうでないかを識別する機能が必要になります．

このトラッキングのモデルも，YOLOv8には実装されています[注7]．また，機械学習ベースのトラッキングアルゴリズムとして，SORTなどもあります[18)]．

COLUMN

教師データ作成ツール

本節では，教師データさえあれば，非常に少ないコードでYOLOをファインチューニングできることがわかりました．

「教師データさえあれば」と書きましたが，物体検出タスクで最も大変なのが教師データの準備です．分類モデル用の教師データであれば，人間が画像を目視で確認し，フォルダ分けをするという作業で作成できます．しかし，検出モデル用の教師データの場合，画像１枚１枚に対して，対象をポリゴンや矩形で囲わなければならず，作業量が膨大になります．

以下に，フリーの**アノテーション**（annotation）[注8]ツールをいくつか紹介します．検出モデル用の教師データ作成の役立ててください．

- **LabelImg**：LabelImgはPythonで書かれたアノテーションツールです．Qtをベースにしており，PASCAL VOC形式とYOLO形式でアノテーションを保存することができます[注9]
- **LabelMe**：LabelMeはWebベースのアノテーションツールです．主に，JSON形式でアノテーションを保存しますが，YOLO形式に変換するスクリプトがあります[注10]
- **CVAT**：CVAT（Computer Vision Annotation Tool）もWebベースのアノテーションツールです[注11]．YOLOを含む複数の形式にアノテーションをエクスポートする機能をもっています．さらに，セマンティックセグメンテーション，オブジェクト検出，キーポイント検出など，多様なアノテーションタスクにも対応しています
- **Makesense.ai**：Makesense.aiはブラウザ上で動作する無料のオンライン画像アノテーションツールです[注12]．インストール不要で使用することができ，YOLO形式を含む複数のアノテーション形式をサポートしています．ローカルでの作業やGoogleドライブとの連携も可能です

注7　https://docs.ultralytics.com/ja/modes/track/　（2024年８月現在）
注8　データに対してラベルやタグを付ける作業のことです．
注9　https://github.com/tzutalin/labelImg　（2024年８月現在）
注10　http://labelme.csail.mit.edu/　（2024年８月現在）
注11　https://github.com/openvinotoolkit/cvat　（2024年８月現在）
注12　https://www.makesense.ai/　（2024年８月現在）

FINE TUNING RECIPES

2.3 距離学習のファインチューニング

2.1節では，CNNモデルを用いてオーソドックスな分類タスクに取り組みました．本節で取り組むのも分類タスクですが，アプローチとして，距離学習を使用します．

距離学習は，CNNモデルにいくつかの工夫をすることで精度を高め，また，その結果からより多くの情報を取得できるようにしたものです．

タスクとしては，2.1節と同様に，CIFAR-10の分類をしますが，本節では，距離学習モデルを使います．距離学習のしくみについては後述します．

レシピの概要

事前準備 1 データセット

データセットには，CIFAR-10を使用します．

ただし，すべてのデータを使うと学習に非常に時間がかかるため，学習データとしては5000枚，検証データとしては1000枚をランダムに抽出して使用します．

事前準備 2 評価指標

評価指標には正解率を採用します．

事前準備 3 モデル

ArcFaceモデルを使用します[19)]．ArcFaceは，人間の顔を識別するために特化した，距離学習を採用しているモデルです．

距離学習では，「同じクラスはなるべく近く，異なるクラスどうしはなるべく遠くに引き離す」ように学習を行います．なお，通常の分類モデルでは，与えられたデータを単純に分類することを目的とします．これは，特徴量空間に点在するデータ群に対して，最も効率的に分類できる線を引くことと解釈できます（**図 2.17**）[20]．

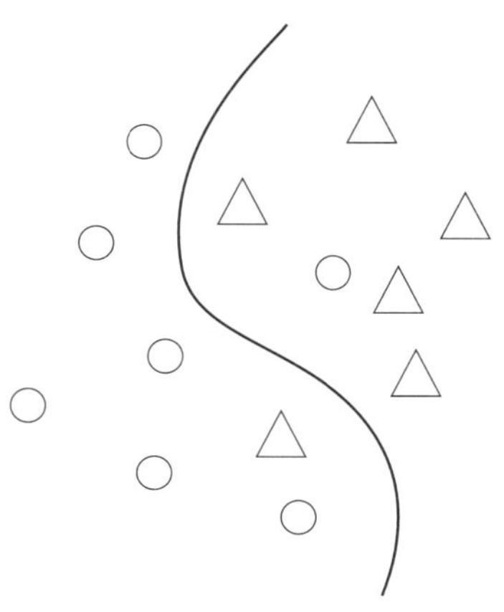

図 2.17　分類モデルによる分類イメージ
（特徴量空間に点在するデータ群に対して，最も効率的に分類できる線を引いている）

一方，距離学習モデルは，与えられたデータを低次元の特徴量空間において「同じクラスはなるべく近く，異なるクラスどうしはなるべく遠くに引き離す」ように学習を行います．これは，線を引くのではなく，特徴量空間に点在するデータを移動（射影）させていると解釈できます．その結果，巨大なデータはより小さいベクトル空間にマッピング（**エンベディング**（embedding，**埋め込み**））されることになります．すなわち，そのままでは扱いづらい巨大なデータが，もとのデータの特徴や関係性が保持された状態で，より次元の低いデータへと変換されます．

今回のデータは 64×64 ピクセルのカラー画像とします．これは $364 \times 64 \times 3 = 12288$ 次元のデータとして表現できます．また，モデルの出力は128次元として，12288次元のデータを128次元の特徴量空間に射影する関数を距離学習モデルとします．つまり，この射影関数を「同じクラスはなるべく近く，異なるクラスどうしはなるべく遠くに引き離す」ことができるように，パラメータの学習を行います（**図 2.18**）．

いいかえれば，距離学習モデルは学習において獲得した射影関数により，データをエンベディングし，学習データと新しいデータの位置関係を得ることができます．これにより，新しいデータに対する高い予測精度が期待できます．

また，未知クラスのデータでもエンベディングすることができるので，既知クラスとどれくらい似ているか，似ていないかという情報を得ることができます．

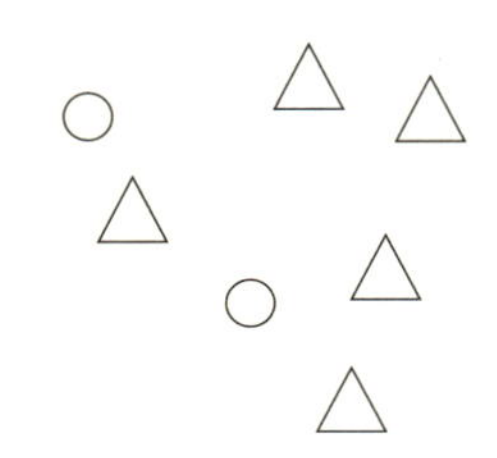

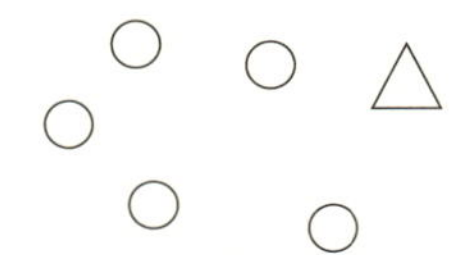

図 2.18　距離学習モデルによる分類イメージ
（特徴量空間に点在するデータを，「同じクラスはなるべく近く，異なるクラスどうしはなるべく遠くに引き離す」ように移動（射影）させている）

事前準備 4 ライブラリのインストール

以下のライブラリを利用します．

- pytorch-metric-learning：2.5.0

事前準備 5 距離学習の実装

距離学習モデルの構造は，前述の分類モデルとほぼ変わりませんが，今回は**OSS**（Open Source Software，オープンソースソフトウェア）ライブラリ[注13]であるPyTorch Metric Learningを使って実装をします[注14]．

一方，分類モデルでは，最終出力を正解率（クラス数）にしていました．対して，距離学習モデルでは，画像を入力し，新しい空間へ写像したそのデータの座標を最終出力として得ます．ここで，距離学習モデルの最終出力として得る新しい空間の座標の次元数を128とします．

また，今回の教師データとして使用するCIFAR-10は64×64ピクセルのカラー画像のデータセットです．よって，$64 \times 64 \times 3 = 12288$次元の情報を入力とします．さらに，分類モデルを12288次元の情報を10次元に変換するモデル，距離学習モデルを12288次元の情報を128次元に変換するモデルとします．

このように，距離学習モデルでは，ベースモデルの構造をほぼそのまま使えるということも大きなメリットの１つです．つまり，実装上の変更は誤差関数と出力次元の変更のみで，学習

注13　ソースコードが公開され，誰でも自由に使用，修正，配布できるソフトウェアライブラリのことです．
注14　https://github.com/KevinMusgrave/pytorch-metric-learning　（2024年８月現在）

コードを使い回すことができます．例えば，CNNモデルで思いのほか精度が出ないといったときに，少ない手間で距離学習モデルを試してみることができます．

chapter02/3-1_metric_learning.ipynb

```
def get_model(pretrained: bool = True, state_dict: dict | None = None):
    # 距離学習
    # 事前学習済みのResNetモデルをロード
    model = models.resnet50(pretrained=pretrained)
    # ResNetの最後の全結合層をエンベディング数に置き換え
    model.fc = nn.Linear(model.fc.in_features, 128)
    if state_dict is not None:
        model.load_state_dict(state_dict)
    # デバイスの設定
    model.to(device)
    # ArcFace損失関数の設定
    # コサイン類似度を使う
    distance = distances.CosineSimilarity()
    regularizer = regularizers.RegularFaceRegularizer()
    criterion = losses.ArcFaceLoss(
        num_classes=10,
        embedding_size=128,
        margin=28.6,
        scale=64,
        weight_regularizer=regularizer,
        distance=distance,
    )
    # GPUが使えるなら使う
    if device != "cpu":
        criterion = criterion.cuda()

    # オプティマイザの設定
    optimizer = optim.Adam(model.parameters(), lr=0.001)
    return model, criterion, optimizer
```

まず13行目で評価に使用する「距離」を定義しています．距離学習は「同じクラスはなるべく近く，異なるクラスどうしはなるべく遠くに引き離す」ように学習を行いますので，近い／遠いを表すための距離の定義をします．

今回は，距離に**コサイン類似度**（cosine similarity）を採用しています．コサイン類似度とは，2つのベクトルのなす角のコサインの値です．したがって，2つのベクトルのなす角が0°で1，180°で−1となります．これによって，2つのベクトルが同じ方向を向いているほど，「似ている」と評価されます．ベクトルの大きさは評価対象でないことに注意してください．

ここで，コサイン類似度で比較されるベクトルは画像から抽出した特徴量であり，128次元のベクトルです．すなわち，2つの128次元のベクトルを比べ，それらの大きさについては考慮せず，向きだけで類似度を判断します．

また，15行目以降で距離学習の損失を設定しています．marginは同じクラスの密集度を調整する**ハイパーパラメータ**（hyper parameter）注15，scaleは同じクラス間の距離を調整するハイパーパラメータです．embedding_sizeが出力の次元数です．これが現在128になっているので，1枚の画像ごとに128次元の特徴量が出力されます．

学習の実施

学習を実施するrun()関数を作成します．

chapter02/3-1_metric_learning.ipynb

```
1
2  def run(
3      pretrained: bool = True,
4      num_epochs: int = 100,
5  ):
6      # 距離学習
7      # 事前学習済みのResNetモデルをロード
8      model, criterion, optimizer = get_model(pretrained=pretrained)
9
10     result = []
11     output_dir = Path(
12         "output", "metric_learning", "pretrained" if pretrained else "un_pretrained
   "
13     )
14     os.makedirs(output_dir, exist_ok=True)
15     for epoch in range(num_epochs):
16         train_loss = train_epoch(model, train_loader, criterion, optimizer, device)
17         val_loss, output, labels = validate_epoch(model, test_loader, criterion,
   device)
18
```

注15　モデルの学習過程でユーザが設定するパラメータのことです．

```
19            print(
20                f"Epoch {epoch+1}/{num_epochs}, Train Loss: {train_loss:.4f},
    Validation Loss: {val_loss:.4f}"
21            )
22            # KNNで評価する
23            knn_result = eval(model, train_loader, test_loader)
24            # ラベルの正解率
25            label_acc = (knn_result["y_pred"] == knn_result["y_test"]).sum() / len(
26                knn_result["y_test"]
27            )
28            result.append(
29                {"train_loss": train_loss, "val_loss": val_loss, "val_acc": label_acc}
30            )
31            torch.save(
32                {"output": output, "label": labels, "pred_labels": knn_result["y_pred"
    ]},
33                output_dir / f"epoch_{epoch}_output.pt",
34            )
35
36        df_result = pd.DataFrame(result)
37        df_result.to_csv(output_dir / "training_curve.csv")
```

基本的に，2.1節のファインチューニングコードと同じです．22行目以降で，距離学習の結果を分類結果に変換する処理を行っています．これについては後述します．

評価

☑ 距離学習の可視化

上記のとおり，距離学習モデルでは，新しい空間へ写像したそのデータの座標が出力となります．今回，最終出力の空間の次元数を128次元としているので，128次元空間の座標が最終出力されます．

しかし，128次元を可視化することはできないので，情報量をなるべく保ったまま，**t-SNE**と呼ばれる手法で2次元に圧縮します．t-SNEは，高次元のデータを保持しつつ可視化可能な2次元や3次元にマッピングするアルゴリズムであり，これを使うと高次元のデータ間の類似性と低次元のデータ間の類似性が近づくように，低次元空間のデータ位置を調整することができます．

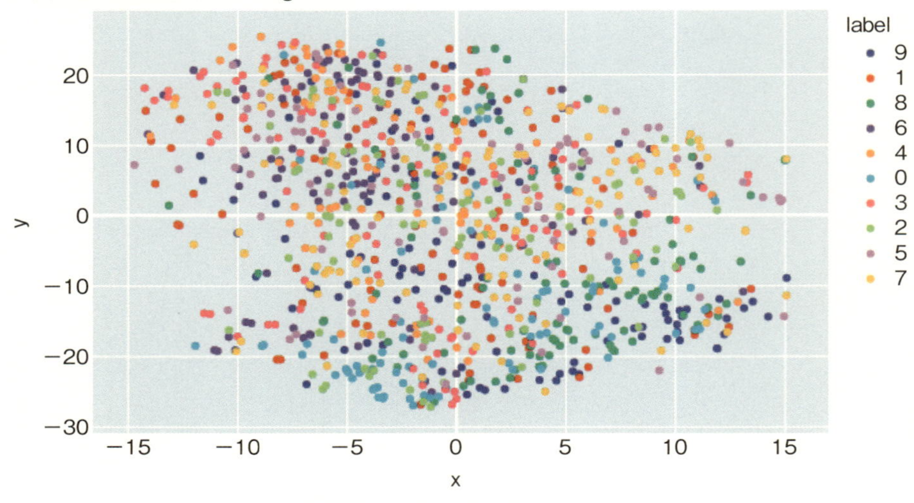

図 2.19　学習前の評価データ画像の２次元可視化
（プロットが領域全体にちらばっている）

また，可視化は評価データを使って行います．まず，学習前の評価データを可視化します．**図 2.19** は12288次元の画像データをt-SNEで２次元に圧縮し，ラベルで色分けしたものです．まだ一切，特徴量抽出をしていない生の画像データですので，プロットは領域全体にちらばっていて，ラベルごとの特徴をこの図から見出すことは困難です．

次に，距離学習モデルで評価データを128次元の特徴量空間に写像し，その結果をt-SNEで２次元に圧縮してから，可視化してみます．**図 2.20** は１エポック目の距離学習モデルで評価データを写像し，可視化したものです．まだモデルの学習が進んでいないため，ラベルごとに分離ができていません．

一方，10エポック目の距離学習モデルで評価データを写像し，可視化した**図 2.21** をみると，ラベルごとにまとまり始めています．

さらに，90エポック目の距離学習モデルで評価データを写像し，可視化した**図 2.22** をみると，ラベルごとにかなり分離されています．エポック数が増えるにつれて，狙いどおり「同じクラスはなるべく近く，異なるクラスどうしはなるべく遠くに引き離す」ように学習が進んでいることが確認できます．

また，図 2.22ではプロットが固まりとなっていますが，これを**クラスタ**（cluster）と呼びます．クラスタが単一のラベルで構成されている場合，うまくラベルごとの特徴を抽出できていると判断できます．しかし，同一のラベルで複数のクラスタが形成されている場合，同じラベルを付けられてはいるが，その中に異なる特徴をもったデータ群が存在すると解釈できま

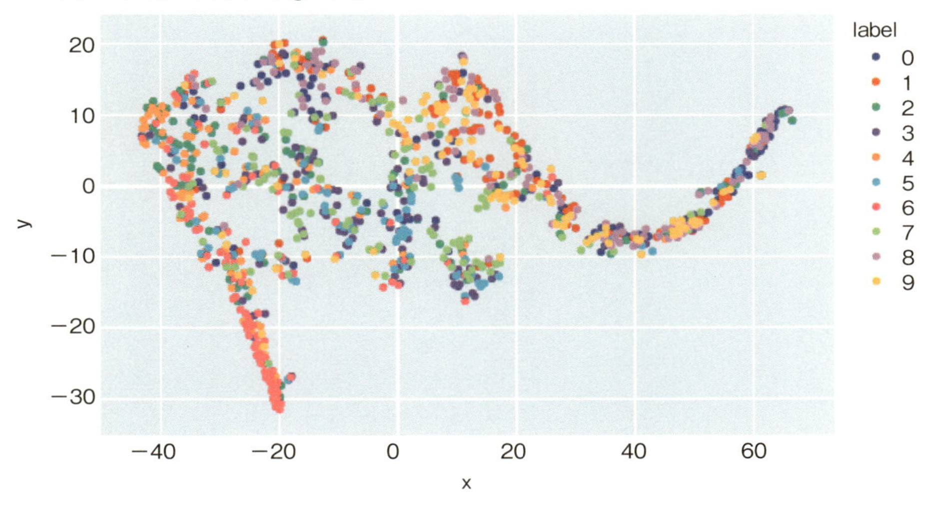

図 2.20　1エポック目の距離学習モデルによる評価データの写像後の2次元可視化
（まだラベルごとに分離できていない）

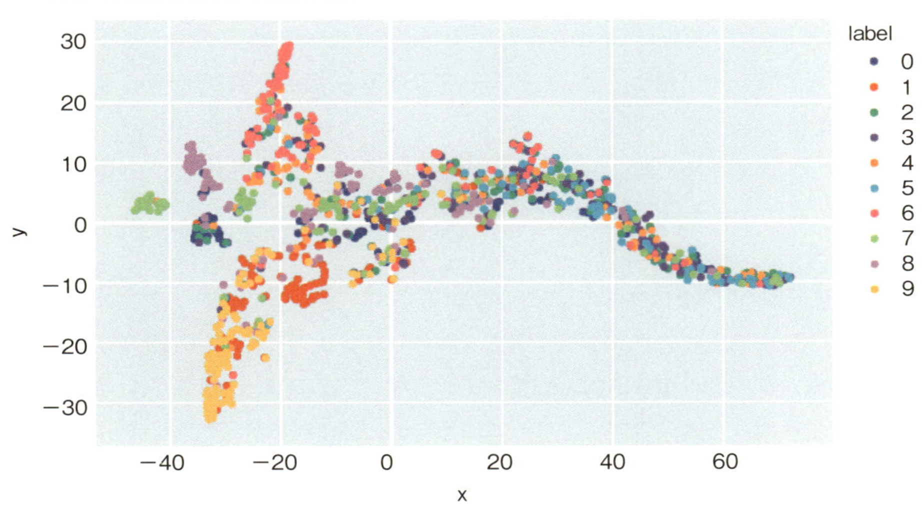

図 2.21　10エポック目の距離学習モデルによる評価データの写像後の2次元可視化
（ラベルごとにまとまり始めている）

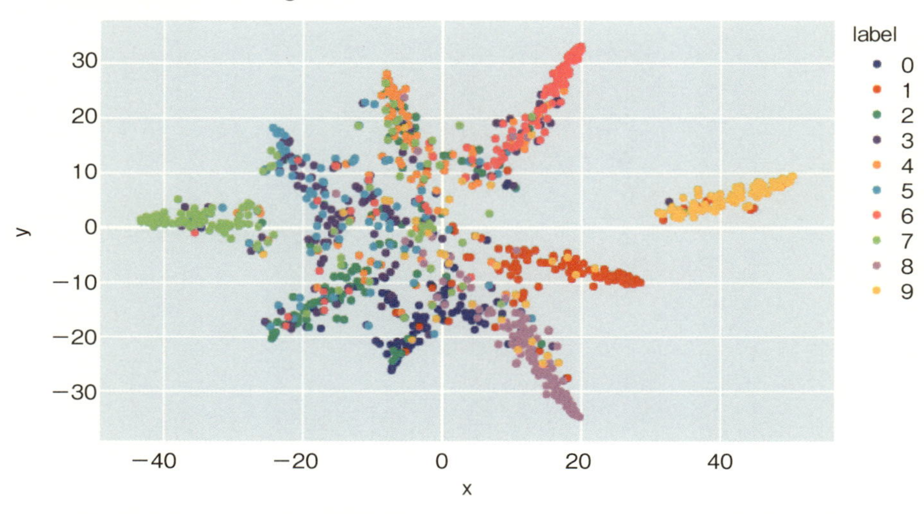

図 2.22　90エポック目の距離学習モデルによる評価データの写像後の2次元可視化
（ラベルごとにかなり分離されている）

す．こういったときには，それらのデータ群にあらためて新しいラベルを付けることで，距離学習による分類の精度が向上することがあります．なお，別々のラベルであるにもかかわらず，プロットが非常に近い場合，それらのデータは使用した距離学習モデルによる分類が困難である可能性が高いことに注意してください．

以上のとおり，距離学習モデルはデータ間の位置関係という形で最終出力を得るため，結果の解釈や応用の幅が分類モデルより広がります．

☑ 距離学習モデルの最終出力をクラスに変換する

距離学習モデルには上記のとおり，さまざまなメリットがありますが，デメリットもあります．その1つが，推論ラベルの情報を直接含んでいないことです．つまり，分類モデルの出力は各クラスの正解率（推論スコア）となっているため，簡単な操作で推論ラベルを取り出すことができますが，一方，距離学習モデルの出力は128次元のベクトルで，どのクラスに属するかすぐにはわかりません．別途，どのクラスに属するかを判定する手法が必要になります．

ここでは，KNNと呼ばれる手法を用いてクラスの判定を行います．**KNN**（K-Nearest Neighbor）は，そのデータの周囲のデータを調べて最も多いクラスを採用するという単純な手法です．すなわち，2次元可視化におけるK個（Kは任意の正の整数）の隣接点の中で，最も多く現れるクラスを対象とするデータのクラスとして割り当てるというものです．

それでは，KNNを利用し，距離学習モデルの推論結果を分類ラベルに変換するコードを作成します．大まかなアルゴリズムは以下のとおりです．なお，KNNモデルにはscikit-learnのデフォルトに含まれるものを使用します[注16]．

- 距離学習モデルで学習データを推論する
- 距離学習モデルで評価データを推論する
- 評価データの推論値の周囲にある学習データの推論値を調べ，推定ラベルを決定する（KNNを使用）

chapter02/3-1_metric_learning.ipynb

```
# モデルの出力をKNNでラベルに変換する
def eval(model, train_loader, test_loader):
    # モデルをevalモードにする
    model.eval()

    x_train = []
    x_test = []
    y_train = []
    y_test = []
    with torch.no_grad():
        # 学習データの推論結果を得る
        for x_org, y in tqdm(train_loader, total=len(train_loader)):
            # デバイスの指定
            x_org, y = x_org.to(device), y.to(device)
            # モデルでx_orgを新しい空間に写像
            x = model(x_org)
            x_train.append(x)
            y_train.append(y)
        # 評価データの推論結果を得る
        for x_org, y in tqdm(test_loader, total=len(test_loader)):
            # デバイスの指定
            x_org, y = x_org.to(device), y.to(device)
            x = model(x_org)
            x_test.append(x)
            y_test.append(y)
    # データを変換する
    x_train = torch.cat(x_train).cpu().numpy()
    x_test = torch.cat(x_test).cpu().numpy()
    y_train = torch.cat(y_train).cpu().numpy()
```

注16　https://scikit-learn.org/stable/modules/generated/sklearn.neighbors.KNeighborsClassifier.html　（2024年８月現在）

```
    y_test = torch.cat(y_test).cpu().numpy()

    # KNNモデルを作成
    knn = KNeighborsClassifier(n_neighbors=5, metric="cosine")
    # KNNモデルを学習データの結果で学習する
    knn.fit(x_train, y_train)

    # 評価データの推定ラベルをKNNモデルで推論
    y_pred = knn.predict(x_test)

    return {
        "x_train": x_train,
        "x_test": x_test,
        "y_train": y_train,
        "y_test": y_test,
        "y_pred": y_pred,
    }
```

図 2.23に，このコードにより，正解率を算出した結果を示します．エポック数が増えるにつれて，正解率は0.64程度に収束しています．

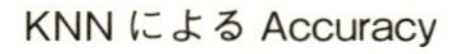

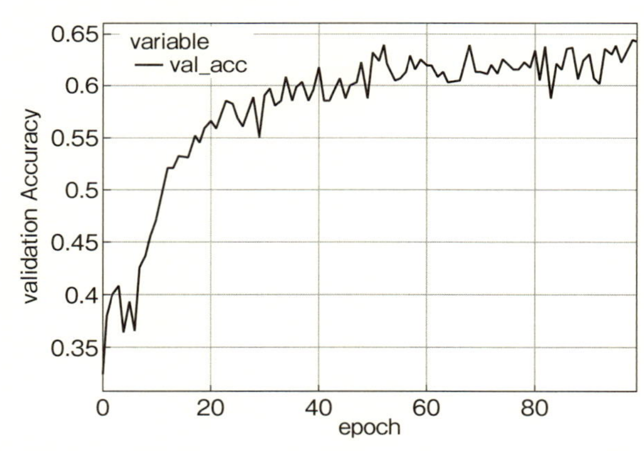

図 2.23　距離学習モデルの最終出力に対して KNN モデルでクラスを推定し，正解率を算出した結果

応用レシピ

距離学習モデルは，分類タスク以外にも，その特徴であるエンベディングを活かした応用が考えられます．

類似性

エンベディングされた新しい座標の空間において近くにあるデータどうしは類似しているはずなのですから，推定データ間の類似性や，推定データと最も類似する学習データなどを調べることに距離学習モデルを応用することができます．

異常検知

上記とは逆に，エンベディングされた新しい座標の空間において遠くにあるデータどうしは類似していないはずなので，与えられたデータが学習データのどれとも類似していない場合，それは距離学習モデルがいままで知らないデータ，いいかえれば異常なデータと判断できます．

このアイデアを発展させ，ImageNetで事前学習済みのCNNモデルの中間層の出力をエンベディングされた新しい座標の空間として活用し，教師なし異常検知を行うのが2.4節で説明するPatchCoreです[21)]．

可視化

本節で行ったように，エンベディングされた新しい座標の空間を２次元可視化することで，人間の視覚から得られる情報によってデータへの理解が深まったり，データからの示唆を得たりすることができます．

FINE TUNING RECIPES

2.4 教師なし異常検知

不良品の検査においては，しばしば不良率が非常に低いことが課題になります．不良品のサンプルが十分な量，用意できないので，不良品の学習がうまく進まないのです．そのような場合には，わずかな不良品のサンプルはモデルのよし悪しを検証する評価データに回し，学習は正常品で行うというアプローチが有効です．

教師なし学習とは，ラベル付けされていないデータからデータのパターンや構造を学習，発見することを目的とした学習です．特に，**教師なし異常検知**では正常品のみを学習し，異常品を検知することを指します．

なお，前節までは，PyTorchにデフォルトで用意されているデータセットを使いましたが，ここではデータセットをWebサイトから直接ダウンロードして使用します．したがって，データをモデルが学習可能な形式に変換する前処理が必要になります．

レシピの概要

データセット

産業向けの異常検知データセットであるMVTecADを使用します[22)]．これは**図2.24**のような，ボトル，ケーブル，繊維などを含む産業用のデータセットです．

評価指標

評価指標には正解率を採用します．

なお，MVtecADにはどのような種類の異常かを示す異常ラベルも付与されていますが，今回は使用しません．単に正常か異常かのみを推定することにして，2クラス分類の正解率を最終出力（＝評価指標）とします．

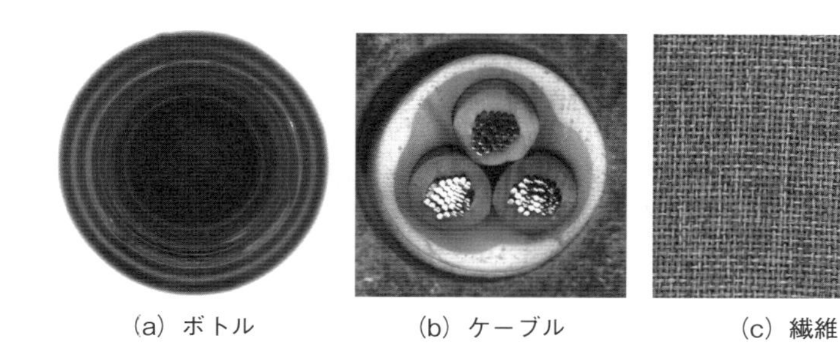

(a) ボトル　(b) ケーブル　(c) 繊維

図 2.24　MVtecADのデータの一例

モデル

PatchCoreという異常検知モデルを対象にします[21)]．これは，今回のようなタスク向けに開発された，正常品の画像のみを学習して異常を検知するモデルです．具体的には，正常品の特徴量と，入力されたデータの特徴量を比較して，大きくかけ離れていれば異常であると判断します．事前学習はImageNetで行われており，その後の学習でパラメータの更新を行わないのが特徴です．つまり，分類モデルのファインチューニングをせずに，事前学習済みモデルの中間層の出力をそのまま使用します．その後，同様の手法で推論データの特徴量を取得し，これらを比較します．よって正確にいえば，今回のレシピはファインチューニングではありません．

このようにImageNetで学習された事前学習済みモデルはMVTecADのデータをまったく知りませんが，一般に，似た特徴をもつデータからモデルは似た特徴量を生成すると期待できます．したがって，学習データ群と比較して推論データが十分に異なる特徴量をもつ場合，それは異常データと判断されるはずです．以上のしくみで，入力される画像データに対してピクセル単位で異常スコアを計算することで，異常箇所を特定します．

まとめると，PatchCoreの特徴は以下のとおりです．

- 正常データのみで学習できる
- ImageNetなどで事前学習済みモデルの中間層出力を特徴量とする
- パラメータの更新を含む再学習（＝ファインチューニング）を行わない
- ピクセル単位で異常スコアを計算することで，異常箇所を特定する

また，PatchCoreは，**Anomalib**という異常検知用のライブラリに含まれています[注17]．Anomalibにはこのほかにもさまざまな異常検知モデルがあります．

なお，PatchCoreは**CLI**（Command Line Interface，**コマンドラインインタフェー**

注17　`https://github.com/openvinotoolkit/anomalib`　（2024年8月現在）

ス)[注18]を通して簡単に利用することができますが，以下では応用していくうえで便利なようにコードを作成し，検証を進めます．

事前準備1 ライブラリのインストール

以下のライブラリを利用します．

- anomalib：1.0.1

事前準備2 データセットの準備

今回は自分でデータセットを用意しますので，コードもデータローダで読み込むところからつくります．

まず，MVTecADのWebサイトよりデータをダウンロードして，展開します．すると，bottle, cable, capuselといったフォルダが並びます．このうち，今回はbottleを使うことにしましょう．

chapter2/4-1_anomaly_detection.ipynb

```
1  transform = transforms.Compose([transforms.Resize((64, 64)), transforms.ToTensor()
   ])
2
3  train_dataset = datasets.ImageFolder(root="./data/mvtec_anomaly_detection/screw/
   train", transform=transform)
4  train_loader = DataLoader(train_dataset, batch_size=len(train_dataset), shuffle=
   True)
5
6  test_dataset = datasets.ImageFolder(root="./data/mvtec_anomaly_detection/screw/test
   ", transform=transform)
7  test_loader = DataLoader(test_dataset, batch_size=32, shuffle=False)
```

ここで，`torchvision.datasets.ImageFolder`は，指定したフォルダにある画像をデータセットに変換するクラスです．このクラスに先ほどダウンロードしたフォルダを指定します．trainとtestで，それぞれデータローダを作成します．

事前準備3 モデルの作成

次に，PatchCoreで異常検知モデルを作成します．これにはAnomalibで実装されている

注18　ユーザがキーボードでコマンドを入力して操作するテキストベースのインタフェースのことです．

クラスを活用します[注19].

chapter2/4-1_anomaly_detection.ipynb

```
1  model = PatchcoreModel(input_size=(64, 64), layers=["layer1","layer4"])
```

ここで，Layres引数は，PatchCoreの特徴量抽出に使用する層を指定しています．つまり，ベースモデルであるResNetの１層目と４層目の中間出力を異常スコアの計算に使用しています．

学習の実行

異常検知モデルの学習のコードを作成します．といっても，PatchCoreは学習しないので，パラメータの更新もしません．

chapter2/4-1_anomaly_detection.ipynb

```
1  model.train()
2  for data in tqdm(train_loader):
3      inputs, _ = data
4      inputs = inputs.to(device)
5      outputs = model(inputs)
6  model.subsample_embedding(outputs, 0.1)
```

このように，前述の分類モデルにおける学習のコードとほとんど変わりませんが，パラメータの更新処理である`loss.backwhard()`関数や`optimizer.step()`関数がありません．

一方，５行目でモデルの出力（outputs）を取得しています．これは，PatchCoreのベースモデルである事前学習済みモデル（ResNet）の中間層の出力です．この中間層の出力を推論データの特徴量として，正常品の特徴量と比較することにより，異常検知を行います．

最終行では，正常品の特徴量の抽出を行っています．正常品のすべての特徴量を保持したままだと，推論データの特徴量と比較するために大量のメモリと計算時間を要します．この対策として，PatchCoreでは正常品の特徴量の一部のみを抽出し，使用します．

以下のコードを実行し，異常スコアを計算します．

注19　https://anomalib.readthedocs.io/en/v1.0.0/markdown/guides/reference/models/image/patchcore.html　（2024年８月現在）

chapter2/4-1_anomaly_detection.ipynb

```
1  model.eval()
2  with torch.no_grad():
3      for data in tqdm(test_loader):
4          inputs, label = data
5          inputs = inputs.to(device)
6          outputs = model(inputs)
```

学習時とほとんど同一のコードですが，1行目で異常検知モデルが評価モードに変更されています．これによってmodel(input)関数の振舞いが変わり，異常検知モデルの内部に保存してある正常品の特徴量と，入力されたデータから抽出した特徴量を比較して，異常スコアを返してくれます．なお，学習時に実行したmodel.subsample_embedding()関数により，正常品の特徴量をモデルの内部に保存しています．

また，モデルの出力であるoutputsは，2つの要素をもっています．このうち，第1要素が入力された画像の異常スコアです．基本的には，このスコアをみて入力された画像の異常を判定します．第2要素はピクセルごとの異常スコアであり，画像のどこが異常と判定されたのかを表します．

評価

✔ 異常スコアの可視化

異常スコアを可視化してみましょう．

図 2.25(a)はモデルに入力した評価画像です．これは，broken smallと名づけられた異常の評価データであり，画像の左上部分に欠けがみられます．

対して，図 2.25(b)はモデルが出力した異常スコアを可視化したものであり，白くなるほど異常スコアが高いことを表します．入力画像の欠け部分の異常スコアが高くなっていることがわかります．

✔ 結果の検証

それでは，すべての評価データを使用して異常検知モデルの性能を確かめてみましょう．ここで，PatchCoreは異常スコアを出力するだけなので，異常と判定するスコアのしきい値が必要になります．

また，**図 2.26**は，評価データの異常スコアをラベル別にプロットしたものです．y軸が異常スコアです．正常品のラベルである「good」では異常スコアが10以下になっており，対照

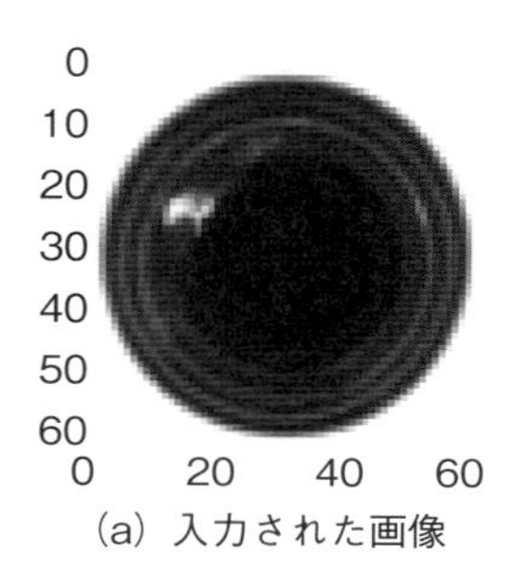

(a) 入力された画像

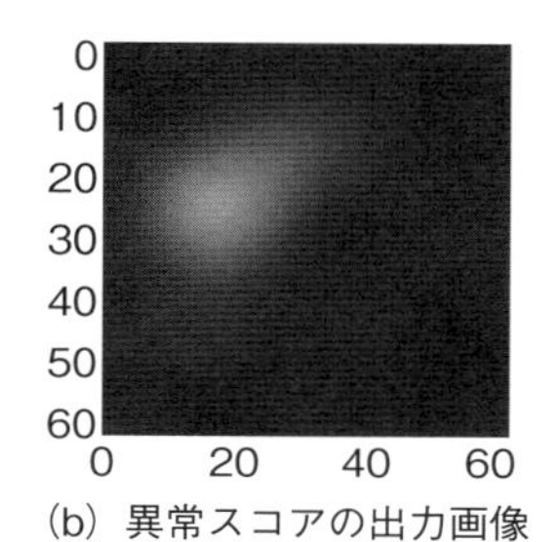

(b) 異常スコアの出力画像

図 2.25　異常スコアの可視化の例

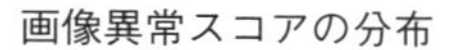

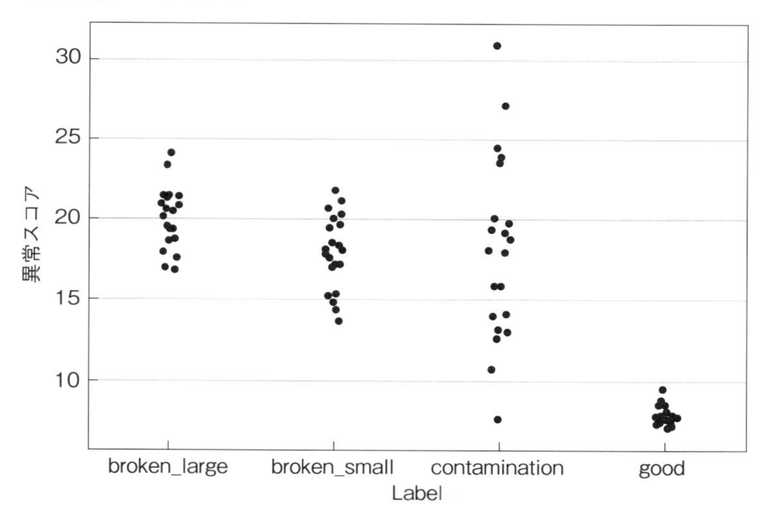

図 2.26　評価データの異常スコアの可視化例
（異常スコアをラベル別にプロットしてある）

的に，そのほかの不良品では異常スコアが大きくなっていることがわかります．

さらに，この図をみると，だいたい10くらいでしきい値を設定すると，正常品と不良品を切り分けられそうだとわかります．つまり，異常スコア10未満を正常品，10以上を不良品とすると，全評価データ32枚に対する正解率は92%となります．

応用レシピ

データ収集と平行したモデル開発

教師なし異常検知モデルは異常検知のタスク以外でもいろいろと応用が可能です．実務においては，データが豊富に取得できている状態でプロジェクトが始められるとは限らないからです．

例えば，まず入手できている少ないデータで教師なし異常検知モデルをつくり，モデルの学習と並行してデータ収集を進め，十分なデータが集まった段階で教師あり分類モデルに移行する，というアプローチが考えられます．

MEMO

Chapter 3

自然言語処理のファインチューニング

自然言語処理（Natural Language Processing; **NLP**）と聞くと，多くの方はSiriやChatGPTのような対話型AI，またはGoogle翻訳のような機械翻訳サービスを思い浮かべることでしょう．しかし，それだけが自然言語処理ではありません．
つまり，自然言語処理とは，コンピュータを使用して人間が日常的に使用している言語（自然言語）を扱う処理全般のことを指します．したがって，Web検索やかな漢字変換など，私たちの日常生活に深く根ざしており，身近な存在であると同時に，その応用範囲は広範囲に及びます．
本Chapterでは，この自然言語処理の代表的なタスクに焦点を当てます．まず，自然言語処理の概要とどのようなタスクがあるかを説明します．その後，3.1節でテキスト分類タスク，3.2節でマルチラベルテキスト分類タスク，3.3節で類似文章検索タスクについて，それぞれファインチューニングのレシピを説明します．
自然言語処理のタスクは多岐にわたっており，その分，精度向上のための工夫も多種多様です．本Chapterで取り上げたレシピをもとに，いろいろ応用してみてください．そのたびに発見があるはずです．

自然言語処理とは

人工言語と自然言語

私たちが日々，コミュニケーションの際に何気なく使っている言語を，AIの世界では明示的に**自然言語**（natural language）と呼びます．これは，CやJAVAなどのプログラミング言語（programming language）をはじめとする，コンピュータにとってわかりやすい言語，いいかえると人工言語（artificial language）との境目を明確にする用語です．

このような人工言語を使用して，プログラマはプログラミングをして，コンピュータに作業指示を出しています．このとき，プログラマはコンピュータが理解しやすいお作法（文法）にしたがってコードを書きます．つまり，人間のほうがコンピュータに合わせています．

一方，人間が普段使う自然言語は，コンピュータにとって必ずしもわかりやすいお作法にはなっていません．例えば

「すもももももももものうち」

とひらがなで書いてあるとき，人間はひらがなの音を思い浮かべて，ときには音読してみたり，知っている音の区切りを探し出したりしながら，最終的には

「スモモもモモもモモのうち」

と脳内変換し，「スモモも，モモも，モモの一種」[注1]という文意を理解するにいたるでしょう．しかし，コンピュータに同じことをさせるのは至難の業なのです．ひらがなという記号（文字）も知らないし，スモモという言葉の意味も知らないので，言葉の区切り（文節）がわかりません．

それにもかかわらず，現代のAIは自然言語を処理することができます．ニューラルネットワークや，その応用例であるトランスフォーマなどの数々の技術的なブレイクスルーがあったからです．

注1　スモモもモモも確かにバラ科の植物ですが，正確にいえば，スモモはサクランボやウメに近いとされます．

自然言語処理技術の変遷

以下では，自然言語処理の技術の変遷と，その代表的なタスクについて説明します．

(1) ニューラルネットワーク流行前

人間の脳における神経網の動作を模したニューラルネットワークが機械学習のアルゴリズムの主流になる以前の時代，自然言語処理の分野においては，サポートベクターマシンや解析木（parse tree）といった手法がよく用いられていました．

これらの手法で作成されるモデルの入力は固定長のベクトルデータに限られるので，文章データをベクトル表現に変換してから入力する必要があります．ここで，文章をベクトル表現へと変換するとてもシンプルな方法は，文章中に含まれている単語の数を（単語別に）数え上げて，すべての語彙（vocabulary）[注2]の数の分だけ，次元があるベクトルとして扱うというものです．または，文章中の単語の出現頻度を考慮し，その単語の重要度を推定したうえでベクトル表現にする，**TF-IDF**（Term Frequency-Inverse Document Frequency）という方法もあります．しかし，このような方法による文章のベクトル化は，単語の並び順がまったく考慮されないという欠点があり，「特定の単語が出現しているかどうかで文章を判定する」という，原始的な機能を実現するにとどまってしまいました．

(2) ニューラルネットワーク流行後

ニューラルネットワークが機械学習のアルゴリズムの主流となり始めたころに，**単語ベクトル**（word vector）という概念が生まれます．そして，この単語ベクトルは，Word2Vecというニューラルネットワークによって一般的に用いられるようになりました．

Word2Vecは，意味の近い単語どうしをベクトル表現として近い座標で表現するように学習するニューラルネットワークです．これによってベクトル表現に変換された単語（単語ベクトル）は，ベクトルどうしの演算によって，単語の意味を足し引きすることができるなど，出現頻度を単純に数え上げるベクトル表現と比べて，より多くの情報をもつことができます．その結果，自然言語処理の研究は目覚ましい発展を遂げることになります．

さらに，トランスフォーマの発明によって拍車がかかります．

(3) トランスフォーマとファインチューニング

トランスフォーマ（transformer）は，ひと言でいうと，**アテンション**（attention）と呼ばれる並列処理を行いやすいニューラルネットワークを用いた機械学習のアルゴリズムをベー

注2　ある領域，または観点から収集された単語の集合をいいます．

スにつくられたモデルです．大量の文章を高速に学習できることが大きな特長です．

このトランスフォーマの登場により，大量の文章（corpus，**コーパス**[注3]）から「言語の特性」を教師なし学習で学習した後に，その学習済みモデルをさらに目的のタスク向けにファインチューニングさせる，という２段階の学習方法が主流となりました．

また，１段階目の学習（「言語の特性」を教師なし学習で学習）による汎用性の高いモデルの研究開発が活性化し，しかもそれらが公開されたことで，研究成果を誰もが活用できるようになり，多種多様な分野における自然言語処理技術の活用が活性化しています．

COLUMN

自然言語処理の代表的なタスク

自然言語処理の代表的なタスクとして，以下のようなものがあげられます．

- テキスト分類
- マルチラベルテキスト分類
- 文章校正
- 類似文章検索
- 固有表現抽出
- 機械翻訳

これらのタスクは，トランスフォーマの学習済みモデルをファインチューニングすることによって精度よく行うことができますす．

（1）テキスト分類

テキスト分類（text classification）は，テキストをカテゴリに分類するタスクです．文章に書かれている内容がポジティブな内容か，あるいはネガティブな内容かで分類するタスクである**ネガポジ判定**もこれに含まれます．

また，英語の文章と英語ではない文章を判別するタスクや，迷惑メールであるか否かを判別するタスクも，このタスクの１つとしてとらえることができます．

（2）マルチラベルテキスト分類

マルチラベルテキスト分類（multilabel text classification）は，１つの文章に対して，複数のラベルを付与するタスクです．上記のテキスト分類では

注３　コーパスとは，自然言語処理に利用される文章データセットを指します．もともとはコーパス言語学という，大量の文章に対して統計的な解析を行う言語研究のために作成されていました．

「運動会は楽しかったが，翌朝は筋肉痛がつらくて起き上がれなかった.」

のような，ポジティブにもネガティブにもとらえられるような文章には対応することができません．このような場合に，どちらのラベルも付与することを許容するのがマルチラベルテキスト分類です.

(3) 文章校正

文章校正（proofreading）とは，文章中の入力の間違いなどを正すタスクです．ひらがなで入力した文字を漢字に変換する際に，文脈的に正しくない変換，つまりは誤変換をしてしまった際にその誤りを指摘するタスク（「消火のよい食べ物」→「消化のよい食べ物」）などが該当します．ほかにも，英語の文章を書く際に，三人称単数の「s」を書き忘れるなどの文法的な過ちや，スペルミスなどの修正を自動化するタスクなどもこのタスクに含まれます.

(4) 類似文章検索

類似文章検索（similar sentence search）とは，与えられた文章と内容の似ている文章を検索するタスクです．特定の記事に似た内容の記事をレコメンド（recommend，おすすめ）したり，Q&Aのサイトで類似した過去の質問をレコメンドする際に必要となるタスクです.

(5) 固有表現抽出

固有表現抽出（named entity extraction）とは，文章中から，人名・組織名といった固有名詞や金額などの数値表現，および，日時などの時間表現を抽出する技術を指し，汎用性の高い基礎的な技術です.

これを応用すると，例えば，ある文章が与えられた際に，「その文章を特徴付ける言葉を抽出してタグ付けする」タスク（「明日，18時に有楽町駅の日比谷口で待ち合わせね」→「明日，18時，有楽町駅，日比谷口」）などができます．ほかにも，個人情報保護のために，個人名に対して自動的にマスク処理を行うなども，このタスクによって実現できます.

(6) 機械翻訳

機械翻訳（machine translation）とは，ある言語で書かれたテキストを別の言語のテキストに変換するタスクです．英語のWebページを日本語に翻訳したり，SNSやメールの文章を翻訳したりするうえで重要なタスクで，言語の壁を越えて多くの情報にアクセスすることを容易にします.

FINE TUNING RECIPES

3.1 テキスト分類のファインチューニング

テキスト分類は，単語（word），文（sentence），文書（document）といった文字データ（text，テキスト）を特定のカテゴリに分類するタスクです．特に，文を対象とする場合を**文章分類**（sentence classification），文書をカテゴリに分類する場合を文書分類（document classification）と呼ぶこともあります．

これは，ある商品やお店のレビューや口コミをポジティブ／ネガティブの２つのカテゴリに分類する**ネガポジ判定**や，ニュース記事を「スポーツ」「政治」「エンターテインメント」などに分類する**トピック分類**（topic classification）などに使用でき，すでに多くのビジネスシーンで広く利用されています．

- **利用例その１**：電子メールの自動分類とスパムフィルタリング
  - **シナリオ**：個人または企業のメールボックスに届くメールを「重要」「一般」「プロモーション」「スパム」などのカテゴリに分類する
  - **具体例**：メールボックスに寄せられるメールを効率的に管理し，重要な通信を見逃さないようにしたり，スパムメールを開封しないようにする
- **利用例その２**：カスタマーサポートのチケット分類
  - **シナリオ**：顧客からの問合せを適切な部門や担当者に振り分ける
  - **具体例**：オンライン小売業者が顧客からの問合せを「配送関連」「製品不具合」「返品・交換」などのカテゴリに分類し，カテゴリごとに定義した部門へ問合せを転送することで，効率的な対応を可能にする
- **利用例その３**：ソーシャルメディアの**センチメント分析**（感情分析）
  - **シナリオ**：ソーシャルメディア上の投稿を「ポジティブ」「ネガティブ」「ニュートラル」といった感情のカテゴリに分類し，ブランドや製品に対する世論を分析する
  - **具体例**：新製品発表後にSNSの反応を分析し，市場の受入れや改善点の特定を行い，顧客の満足度を向上させるための施策検討を行う

以下では，ソーシャルメディアのセンチメント分析をテーマとし，Amazonのレビューのポジネガ判定のファインチューニングのレシピについて解説します．

レシピの概要

データセット

今回は，**MARC-ja**というAmazonのレビューのデータセットを利用します．MARC-jaは，MARC（Multilingual Amazon Reviews Corpus）と名づけられたAmazonの商品レビューのデータセットから，日本語のレビューを抜粋し，それらレビューに対してポジティブかネガティブかを付与した２値分類のデータセットです[23)]．これは，自然言語処理の標準ベンチマークである**GLUE**（General Language Understanding Evaluation）[24)]の日本語版である**JGLUE**（Japanese General Language Understanding Evaluation）[25)]のデータセットの一部でもあります．JGLUEは日本語の言語処理モデルを網羅的に評価するための日本語理解ベンチマークという位置付けのもので，ヤフー株式会社（現 LINEヤフー株式会社）と早稲田大学 川原研究室の共同プロジェクトにて構築・公開されています．これには，テキスト分類・文ペア分類・質問応答タスクの３つのタスクが含まれます．

MARC-jaは，道具やゲーム，映画などのさまざまな製品に対する以下のような実際のレビューを含んでおり，整った文章になっていないことも実務で使ううえでは有用[注4]であり，非常に興味深いデータセットです．

- ポジティブなレビュー
  - 通常のインパクトより軽くて天井の出たビスを締めるのに重宝してます。
  - すごくおもしろいです。がんばってクリアしたいです。なかなかすすみませんが。
- ネガティブなレビュー
  - たぶんすごくいい映画なのでしょうが、個人的にはあまり面白くありませんでした。やはりいつも邦画ばかりみているからでしょうか？
  - なぜ、説明が日本語で書かれてないのか？ 設定の説明も日本語じゃないし。

なお，執筆時点（2024年８月）では，学習データと検証データしか配布されていませんので，本書では検証データを評価データとして利用しています．

注4　実際のレビューは整った文章になっていないことが多いです．

モデル

今回は，自然言語処理における深層学習の手法として有名な**BERT**を用い，レビューのポジネガ分類を行います[26)].

BERTは，自然言語処理において重要な役割を果たしている深層学習のモデルです．従来のモデルがテキストを一方向（左から右，またはその逆）でしか処理できなかったのに対し，BERTは文脈を両方向から理解することができます．これにより，単語の意味をより正確にとらえることができるようになり，より精度の高い言語理解が可能になります．

また，BERTは大量のテキストデータを使って事前学習して，その後，**下流タスク**（downstream task）と呼ばれる特定のタスク（例えば，質問応答やセンチメント分析）にファインチューニングして利用されることが一般的です．この事前学習とファインチューニングにより，幅広い言語にかかわるタスクで高いパフォーマンスを発揮します．

一方，近年はBERTよりもパラメータ数の多い**大規模言語モデル**（Large Language Models; **LLM**）が流行しています．例えば，LLMを用いてテキストの意味をコンピュータで扱えるよう変換し，その情報をもとにテキスト分類を行うようなアプローチがよく採用されています．このように，テキストをコンピュータで扱えるよう数値で表現する処理は，Chapter 2で説明した**エンベディング**によって行われます．

ただし，LLMを利用するには大量の計算リソースが必要です．API（Application Programming Interface）によって提供されているサービスを利用すればこれが不要になりますが，利用方法に応じてAPI利用料といったコストが高くつきます．実務ではランニングコストを抑えたいシーンは実際のところ多くあり，求められる要件に応じてさまざまな手法を検討・選定できることが重要です．そのため，ここではあえてBERTを用いた手法を説明しています．

評価指標

筆者の経験上，レビューのポジティブ・ネガティブの件数には偏りがあるため，データに偏りがある場合でも評価しやすい**バランス正解率**（balanced accuracy）を評価指標として用います．ただし，ポジティブと推論したデータのうち実際にポジティブなデータの割合を表す**適合率**（precision）や，正解がポジティブなデータであるもののうち，正しくポジティブと推論できたものの割合である**再現率**（recall）の値も確認します．これらの詳細は，Appendixにて解説しています．

事前準備1 ライブラリのインストール

必要なライブラリをインストールします．本プログラムをGoogle Colabで実行する場合，「ライブラリのインストール」のセルを実行してください．

Google Colab以外の環境で実行する場合は，筆者がライブラリのインストール実行時に利用したバージョンとライブラリを以下に記載しますので，これを参考に事前にインストールしてください．

- numpy：1.23.5
- scikit-learn：2.2.1
- torch：2.1.0
- transformers：4.38.2
- datasets：2.18.0
- evaluate：0.4.1
- accelerate：0.28.0
- matplotlib：3.7.1
- seaborn：0.13.1
- japanize-matplotlib：1.1.3
- fugashi：1.3.0
- unidic-lite：1.0.8

事前準備2 データセットの準備

データセットは、MARC-jaデータセットはGitHubやHugging Face（10ページ参照）で公開されています．以下のURLから入手できます．

https://huggingface.co/datasets/shunk031/JGLUE　（2024年8月現在）

このために，次のコードを実行して，まずデータセットをダウンロードします．ここで，引数splitを利用することで，データセットのサブセットを直接取得しています．そして，訓練データ（train）と検証データ（validation）を利用します．

chapter3/1-1_text_classification_train.ipynb

```
train_dataset = load_dataset(
    "shunk031/JGLUE",
    name="MARC-ja",
    split="train"
)
valid_dataset = load_dataset(
    "shunk031/JGLUE",
    name="MARC-ja",
    split="validation"
)
```

それぞれのデータの中身を確認してみます．それぞれに対してprint()関数を実行すると，次の出力が得られます．

```
# 訓練データ（train_dataset）の出力
Dataset({
    features: ['sentence', 'label', 'review_id'],
    num_rows: 187528
})
# 評価データ（valid_dataset）の出力
Dataset({
    features: ['sentence', 'label', 'review_id'],
    num_rows: 5654
})
```

この結果から，MARC-jaデータセットにはsentence，label，review_idの３要素が含まれること，訓練データには187528件のレビュー（データ）が含まれること，検証データには5654件のレビューが含まれることがわかります．さらに詳細について，訓練データの一部をみてみましょう．

```
# train_dataset[10]の詳細
{
    'sentence': '実際にあった話ってこんなに感動的なの！？と思わせられるほど、ゲームの展開が劇的でした。演出的には魅せる部分はあるでしょうが、事実に基づいている話だけに、その演出がさらに感動を引き立てていますね。全体的に派手さはありませんが、見入ってしまう自分がいました。',
    'label': 0,
    'review_id': 'RS1F2NRIOEC4X'
}
```

ここで，sentenceにはレビューの内容が，labelには数字が，review_idにはレビューを特定するための文字列が含まれていることが読み取れます．ただし，この時点では，labelの0が何を指しているのかはわかりません．そこで，変数train_dataset.features["label"]を表示してみます．

```
# train_dataset.features["label"]の詳細
ClassLabel(names=['positive', 'negative', 'neutral'], id=None)
```

この結果から，labelにはpositive，negative，neutralの３つのラベルがあることがわかります．また，登場順が数字と対応しているので，0，1，2がそれぞれpositive，negative，neutralに割り当てられているとわかります．

事前準備3 モデルの読み込み

次に，利用するモデルを読み込みます．今回は，東北大学のNLPチームが公開[注5]している日本語BERT「cl-tohoku/bert-base-japanese-v3」を使用します．

また，モデルは利用する言語やデータセットに合わせて選ぶことが重要ですが，今回は読者の方々に全般的な流れを理解してもらいたいので，ベースラインとして汎用性の高いモデルを採用します．まず，ラベル（positive，negative，neutral）とID（0，1，2）の関係を取得します．この作業により，ラベルとIDの相互変換が簡単にできるようになります．ここで取得した情報をモデルの読み込み時に利用します．

chapter3/1-1_text_classification_train.ipynb

```
1  # ラベルの情報を取得
2  classes = train_dataset.features["label"]  # ラベルの情報を取得
3  id2label = {}  # IDからラベルを取得するための辞書
4  label2id = {}  # ラベルからIDを取得するための辞書
5  for i in range(train_dataset.features["label"].num_classes):
6      id2label[i] = train_dataset.features["label"].int2str(i)
7      label2id[train_dataset.features["label"].int2str(i)] = i
```

次に，モデルの読み込みを行います．ただし，今回利用するライブラリ`transformers`にはテキスト分類用の`AutoModelForSequenceClassification`クラスがデフォルトで用意されているので，簡単に行うことができます．一方，もしタスクに合ったクラスが事前に用意されていない場合，クラスの実装から行う必要があります．

chapter3/1-1_text_classification_train.ipynb

```
1  # モデルの読み込みとラベル情報の付与
2  model = AutoModelForSequenceClassification.from_pretrained(
3      "cl-tohoku/bert-base-japanese-v3",  # 事前学習済みモデル名
4      num_labels=classes.num_classes,  # ラベル数
5      label2id=label2id,  # ラベルからIDを取得するための辞書
6      id2label=id2label,  # IDからラベルを取得するための辞書
7  )
```

注5　https://github.com/cl-tohoku/bert-japanese/　（2024年8月現在）

事前準備4 トークナイザの準備

今回のモデルでは数値データしか扱えないので，テキストを数値に変換する必要があります．その役割を担うのが**トークナイザ**（tokenizer）です．これによって以下の処理を行います．

(1) テキストを単語，サブワード，文字などのモデルにとって意味のある最小単位（token，**トークン**）に分割する
(2) それぞれのトークンにID（数値）を割り当てる
(3) モデルの入力に必要な特殊なトークンを入力テキストに挿入する．例えば，BERTでは文の始まりを意味する<CLS>や，文の区切りを意味する<EOS>トークンを追加する

ここで，ライブラリtransformersでは，AutoTokenizerと呼ばれるクラスを用いて，指定したモデルのトークナイザを簡単に使用することができます．

ただし，利用する事前学習済みモデルで利用されたトークナイザと同じトークナイザを使用する必要があることに注意してください．また，利用するモデルによってライブラリの追加が必要になる場合があるため，注意してください．今回利用するbert-base-japanese-v3には，fugashi，unidic-liteの２つのライブラリが必要です．

chapter3/1-1_text_classification_train.ipynb

```
1  tokenizer = AutoTokenizer.from_pretrained("cl-tohoku/bert-base-japanese-v3")
```

今回使用するトークナイザで

「こどもに遊ばせるには，ちょうどいいです.」

という文章をトークンに分割すると，次のようになります．

```
['こども', 'に', '遊', '##ば', 'せる', 'に', 'は', '，', 'ちょうど', 'いい', 'です', '.']
```

それでは，以下のコードを実行して，今回の訓練データと検証データをエンコード（テキストをトークンID（数値）に変換）します．

chapter3/1-1_text_classification_train.ipynb

```
1  def tokenize_dataset(example) -> dict:
2      """
3      入力データをトークンIDに変換する.
4
```

```
5       Args:
6           example (dict): 入力文とラベルを含む辞書（トークナイズ化対象のデータセット）
7
8       Returns:
9           dict: トークンIDに変換された入力文とラベルを含む辞書
10      """
11
12      example_output = tokenizer(example["sentence"], truncation=True)
13      example_output["label"] = example["label"]
14      return example_output
15
16
17  # トークン化の実行
18  tokenized_train_datasets = train_dataset.map(tokenize_dataset, batched=True)
19  tokenized_valid_datasets = valid_dataset.map(tokenize_dataset, batched=True)
```

また，入力データの長さが異なる場合，**パディング**（padding）[注6]と呼ばれる処理によって長さをそろえて固定長にする必要があります．この固定長にする処理は，自然言語処理に限らず，画像処理でも必要になります．先ほどの処理では，`tokenizer()`関数の引数に`padding=True`を指定すると要素の中で最大の長さに合わせてパディングされます．つまり，`padding="max_length", max_length=512`のようにすることで，入力が512個のトークンになるようにパディングを実行することができます．ここで，指定したトークン長に足りない部分には，パディング用のトークンIDが割り当てられます．

さらに，パディングにはさまざまな種類があります．今回はミニバッチごとにパディングを行うdynamic paddingを使います．**dynamic padding**は，ミニバッチごとにパディングを実施することで，各ミニバッチにおける最大トークン長にもとづいてトークンの固定長を動的に変化させます．その結果，モデルの最大入力トークンよりも入力トークンが短いデータセットを利用する場合，メモリ使用量や処理時間を効率化できます．また，ライブラリ`transformers`の`DataCollatorWithPadding`クラスにてdynamic paddingは簡単に実現できるので，これを利用します．次を実行し，dynamic paddingを準備して，モデルの学習時に`data_collator`を引数に与えることでdynamic paddingを適用します．

chapter3/1-1_text_classification_train.ipynb

```
1  data_collator = DataCollatorWithPadding(tokenizer=tokenizer)
```

注6　英語でpaddingは「詰め物をする」といった意味をもちます．

表 3.1　ポジティブ・ネガティブ・ニュートラルなレビューそれぞれのラベル数と最大トークン長

	ポジティブ	ネガティブ	ニュートラル	最大トークン長
訓練データ	165477	22051	0	424
検証データ	4832	822	0	346

事前準備 5 データの確認

ここまででトークナイザの準備ができたので，使用しているMARC-jaのデータセットの分析を行ってみましょう．ひと口にデータセットの分析といってもさまざまな視点がありますが，今回はデータの偏り具合についてみてみましょう．今回は，以下の２つの視点からデータの偏りを確認します．

(1)　ポジティブなレビュー，ネガティブなレビューそれぞれのラベル数
(2)　利用するテキストの長さ（＝最大トークン長）

これらを訓練データと検証データに分けて確認すると，**表 3.1** のようになりました．この結果から，訓練データと検証データのいずれにおいても，ポジティブなレビューのほうがネガティブなレビューよりも多く，ラベルに明らかな偏りのあるデータセットであることがわかります．そのため，正解率ではなくバランス正解率を使ってモデルの性能を評価するほうが適切な結論を得られることがわかります．さらに，ニュートラルという，ポジティブにもネガティブにも分類されないラベルに含まれるデータが存在しないこともわかります．

次に，利用するトークン長の分布をみてみましょう．**図 3.1** に訓練データのトークン長の分布と，検証データのトークン長の分布を示します．ポジティブなレビューとネガティブなレビューのカウントを重ねて表示しています．これらをみると，まず，どちらとも30トークン付近にデータが集中しており，さらにトークン長が長くなるにつれてデータが少なくなることが読み取れます．このことから，レビューの長さについては，偏りがある（＝30トークン前後のトークン長のレビューが多い）データセットであることがわかります．このように，特定の範囲にデータが集中している場合，一般にデータが多い領域のデータに対する精度が高くなる一方，データが少ない領域に対する精度が低くなる可能性が高くなります．

また，表 3.1 にて訓練データと検証データの最大トークン数を確認すると，訓練データの最大トークン数が424，検証データの最大トークン数は346です．よって，今回の実装にあたって利用するBERTモデルの最大入力トークン数512を超えていないことが確認できました．もし，入力の最大トークン数を超えてしまっている場合は，最大トークン数（今回の場合，512トークン）以降のトークンを無視するか，入力が最大トークン数以下になるようにテ

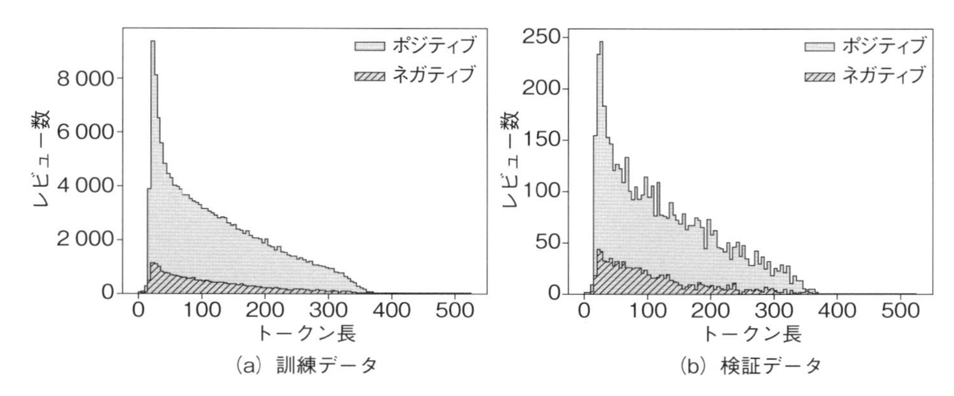

図 3.1　トークン長の分布

キストを分割する必要があります．

一方，訓練データのほうが最大トークン数が明らかに大きいことがわかります．このことから，長いトークン長のレビューに対する推論が苦手な可能性があります．検証データに350トークン以上のレビューが含まれていないため，長いレビューに対して適切な評価ができない可能性があるからです．

さらに，訓練データ（図 3.1(a)）と検証データ（図 3.1(b)）の分布を比較してみます．最大トークン数に関しては上記のとおりですが，訓練データ，検証データ間でトークン長の分布には大きな偏りがないことがわかります．したがって，訓練データにおいても350トークン以上のレビューは少ないことを考えると，トークン長が長いレビューに対する推論が苦手であることは，実際に利用する際にはそこまで大きな問題にはならないかもしれません．以下では問題がないものとして扱うことにします．

このように，訓練データと検証データでデータの偏りがないかを調べることは非常に重要です．偏りが大きいと，一般にモデルの性能が悪くなります．特に，最大トークン数に関してはグラフで確認しづらいため，数値で調べることが大切です．今回はデータの偏りはそこまで大きくないという結論にいたったのでそのまま利用しますが，偏りが大きい場合は，データを増やす**データ拡張**（data augmentation）や少ない領域のデータを増やすことでデータのバランスを保つ**アップサンプリング**（upsampling），これと逆にデータが多い領域のデータを減らしてデータのバランスを保つ**ダウンサンプリング**（downsampling）のデータに対するアプローチを試みる，または損失関数の工夫としてクラスのデータ数の逆数の重みをかける（≈少ないデータを重要視する）などの手法を使ってデータの偏りの是正を試みます．

ファインチューニングの実装

事前準備が整いましたので，ファインチューニングの実装を行っていきましょう．

(1) 評価関数の定義

まず，関数compute_metrics()にて，モデルを評価する際の評価指標を計算できるようにします．ここで，上記のデータ分析結果から，評価指標にはバランス正解率を採用していますが，ほかの評価指標（正解率，適合率，再現率，F_1-score）も計算しています．バランス正解率以外の評価指標の確認が不要であれば，precision_recall_fscore_support()関数の処理を削除すれば，その分，計算コストを減らせます．

chapter3/1-1_text_classification_train.ipynb

```
1  def compute_metrics(eval_pred) -> dict:
2      """
3      評価指標を計算する.
4  
5      Args:
6          eval_pred: 評価結果オブジェクト
7  
8      Returns:
9          dict: 計算された評価指標の辞書
10             - accuracy: 正解率
11             - balanced_accuracy: バランス正解率
12             - f1: F1-score
13             - precision: 適合率
14             - recall: 再現率
15     """
16     labels = eval_pred.label_ids
17     predicts = eval_pred.predictions.argmax(-1)
18     precision, recall, f1, _ = precision_recall_fscore_support(labels, predicts, 
   average="weighted")
19     acc = accuracy_score(labels, predicts)
20     balanced_acc = balanced_accuracy_score(labels, predicts)
21     return {"accuracy": acc, "balanced_accuracy": balanced_acc, "f1": f1, "
   precision": precision, "recall": recall}
```

（2） 学習条件の設定

次に，学習の条件を設定するため， TrainingArguments クラスに各種条件を指定します．

chapter3/1-1_text_classification_train.ipynb

```
training_args = TrainingArguments(
    output_dir=TRAIN_LOG_OUTPUT,  # 学習ログの保存先
    num_train_epochs=3,  # 学習エポック数
    learning_rate=2e-5,  # 学習率
    per_device_train_batch_size=16,  # 学習時のバッチサイズ
    per_device_eval_batch_size=16,  # 評価時のバッチサイズ
    save_strategy="epoch",  # モデルの保存タイミング
    logging_strategy="epoch",  # ログの出力タイミング
    evaluation_strategy="epoch",  # 評価のタイミング
    optim="adafactor",  # 最適化手法
    gradient_accumulation_steps=4,  # 勾配蓄積のステップ数
    load_best_model_at_end=True,  # 最良のモデルを最後に読み込むかどうか
    metric_for_best_model="balanced_accuracy",  # 最良のモデルを判断する指標
    fp16=True,  # 16bit精度を利用するかどうか
    overwrite_output_dir=True,  # 出力先のディレクトリを上書きするかどうか
)
```

以下，ポイントを説明します．

- 引数 num_train_epochs にて，訓練データを何回ずつ学習するか（エポック数）を指定します．今回はGoogle Colabでも問題なく学習できるエポック数として３にしていますが，一般にいって，エポック数が３ではモデルの精度が十分なものとなることは期待できません.もっと大きなエポック数が必要です
- 引数 learning_rate にて，学習率を設定します．通常，学習曲線を確認して学習が進んでいない（＝学習曲線で描かれる損失（26ページ参照）が小さい値に収束しない）場合には，この学習率を小さく（＝１回の学習であまり学習が進まなく）します．しかし，学習率を小さくすると，その分，学習に時間がかかるようになるので，適切な学習率を設定することが大切です
- 引数 per_device_train_batch_size， per_device_eval_batch_size にて，訓練データ，検証データをいくつかのデータ（ミニバッチ）に分割する際に，各ミニバッチに含めるデータの数を設定します
- 引数 optim にて，損失関数（loss function）の最小値を求めるアルゴリズム（最適化関数，optimizer）を設定します

- 引数 fp16 にて，16ビット浮動小数点数[注7]を利用する／しないを設定します．16ビット浮動小数点数を利用すると，やや精度は下がるものの，学習時間が短くなったり推論速度が速くなったりします．

(3) ファインチューニングの実行

Trainer クラスに，利用するモデルやデータセットなどの情報を与え，trainer.train() 関数を実行してファインチューニングを開始します．なお，この再学習に，Google Colab で T4 の GPU を選択した場合には約3時間ほどかかります．

chapter3/1-1_text_classification_train.ipynb

```
trainer = Trainer(
    model=model,  # 利用するモデル
    args=training_args,  # 学習時の設定
    train_dataset=tokenized_train_datasets,  # 訓練データ
    eval_dataset=tokenized_valid_datasets,  # 評価データ
    tokenizer=tokenizer,  # トークナイザ
    data_collator=data_collator,  # データの前処理
    compute_metrics=compute_metrics,  # 評価指標の計算
)
```

再学習の完了後，次のコードを実行して，検証データに対する評価指標を確認します．

chapter3/1-1_text_classification_train.ipynb

```
eval_metrics = trainer.evaluate(tokenized_valid_datasets)
print(eval_metrics)
```

ここで，正解率は0.961，バランス正解率は0.882，F_1-score は0.959，適合率は0.961，再現率は0.961の結果が得られました．

(4) モデルの保存

以上でファインチューニング済みのモデルが作成できましたので，モデルを保存します．trainer.save_model() 関数を実行すると，学習の設定（TrainingArguments()）の引数 output_dir で指定した場所にモデルが保存されます．しかし，このままだと学習のログと

注7　1と0だけでマイナスや小数点が含まれる数を表現する形式である浮動小数点数の1つです．数を ±仮数 × $2^{指数}$ のように符号部（±），指数部，仮数部に分け，16ビットの場合は，符号部で1ビット，指数部で5ビット，仮数部で10ビットで数を表現します．半精度浮動小数点数とも呼ばれます．

同じ場所にモデルを保存してしまうことになり，モデルとログの容量でストレージが圧迫されてしまうため，保存先（定数MODEL_OUTPUT）[注8]を指定してログの保存場所と別の場所にモデルを保存するようにします．

chapter3/1-1_text_classification_train.ipynb

```
1   trainer.save_model(MODEL_OUTPUT)
```

評価

ファインチューニング済みのモデルの完成です．さっそく評価してみましょう．

ファインチューニング済みモデルの読み込み

次のコードを実行して，ファインチューニング済みのモデルの読み込みと利用するトークナイザの読み込みを行います．ここで，定数MODEL_INPUTは保存したモデルの場所を指定しています．

chapter3/1-2_text_classification_eval.ipynb

```
1   # 利用するデバイスの確認(GPU or CPU)
2   device = torch.device("cuda" if torch.cuda.is_available() else "cpu")
3
4   # モデルの読み込み
5   model = (AutoModelForSequenceClassification
6       .from_pretrained(MODEL_INPUT, ignore_mismatched_sizes=True)
7       .to(device))
8
9   # トークナイザの読み込み
10  tokenizer = AutoTokenizer.from_pretrained(MODEL_INPUT)
```

推論

Hugging Faceにあるライブラリtransformersには画像や言語などのさまざまなタスクに対して統一したインタフェースで扱うために，トークナイザの適用や推論といった処理をまとめて扱うためのしくみが用意されています．このしくみを**パイプライン**（pipelines）と呼

注8　Pythonでは定数をサポートしておらず，定数名をすべて大文字+アンダースコアで表現することが慣例です．

びます．よって，pipeline()関数に，解きたいタスク，モデル，トークナイザを引数として与えて変数pipeを定義し，この変数にテキストを与えることで，テキスト分類のタスクを簡単に実施できます．さらに，テキストをあらかじめ配列形式にして，まとめて与えることもできます．

chapter3/1-2_text_classification_eval.ipynb

```
1  # パイプラインの定義
2  pipe = pipeline("text-classification", model=model, tokenizer=tokenizer, device=
   device)
3  
4  # レビューのサンプル
5  sample_review = [
6      "このブレンダーは本当に素晴らしいです！使いやすく、パワフルで、朝のスムージーや夕食の
   スープ作りがこれまでになく簡単になりました。おすすめです！",
7      "清掃が非常に困難で、部品が取り外しにくいです。がっかりしました。",
8  ]
9  # 推論実行
10 results = pipe(sample_review)
11 
12 # 結果の表示
13 for i in range(len(sample_review)):
14     print(f"レビュー: {sample_review[i]}")
15     print(f"推論結果: {results[i]['label']}")
16     print(f"スコア: {results[i]['score']:.4f}")
17     print()
```

このコードの出力は次のようになります．推論結果をみると，高いスコアでポジティブ／ネガティブが分類できていることがわかります．

```
レビュー: このブレンダーは本当に素晴らしいです！使いやすく、パワフルで、朝のスムージーや夕食の
スープ作りがこれまでになく簡単になりました。おすすめです！
推論結果: positive
スコア: 0.9998

レビュー: 清掃が非常に困難で、部品が取り外しにくいです。がっかりしました。
推論結果: negative
スコア: 0.9963
```

✔ 精度の評価

続いて，検証データに対する精度評価を行います．まず，評価データ全体に対する結果を確認してみましょう．**図 3.2** に推論結果の混同行列[注9]を，**表 3.2** に正解ラベルごとの適合率および再現率の計算結果を示します．以下のことがわかります．

- 適合率がどちらも0.95を超えているため，正しく推論できている確率は96％以上である
- 正解ラベルがポジティブである再現率が0.995と高いので，特に，正解がポジティブのレビューを誤ってネガティブと推論してしまう見逃しが少ない
- ただし，正解ラベルがネガティブの再現率が0.802なので，10回に２回程度の割合で，正解がネガティブのレビューを誤ってポジティブと推論してしまう

最後にあげられているこのモデルの短所は，対象とするデータの確認時に触れたようにネガティブなレビューの数がポジティブなレビューの数に対して少ないことが影響していると分析できます．つまり，ネガティブなレビューの数がもともと少ないためネガティブなレビューに対する学習が不十分で，それらを見逃しやすくなっている可能性が高いと考えられます．

さらに，どのようなレビューを間違えたのか，具体的にみてみましょう．**図 3.3** にポジティブ／ネガティブを誤って推論したレビューのスコア（＝ポジティブ／ネガティブの確信度）の**積み上げヒストグラム**（stacked histogram）[注10]を示します．これをみると，スコアが１に近いレビューがいくつかあり，特に，正解がネガティブなレビューではスコアが１に近いものが多くあります．どのようなレビューをこのように推論しているのか，確認してみましょう．

- 正解がポジティブなのに、誤ってネガティブと推論してしまったレビューの例
  - 99円の価値はアル商品です！イヤ！無料でもいいかも………タブレットには１つは欲しいアプリだと思いますね。
  - タバコのシーンが多すぎる？戦争賛美？まったく気になりません。宮崎駿監督がこの人物を取り上げたかった、という思いのする作品。結婚式のシーンは感動したが、あまり印象に残らない内容でした。繰り返し観ても同じです。いかんせん主人公の声がやはり気になります。感情というか、抑揚というか、もう少し上手でしたら印象も変わっていたかもしれません。絵は１コマ１コマ丁寧でさすがでした。

注9　正解と予測の分類結果を可視化した表．詳細は，Appendixにて解説しています．
注10　複数のデータを積み重ねたグラフのこと．分布を構成する要素の内訳を確認するために使います．

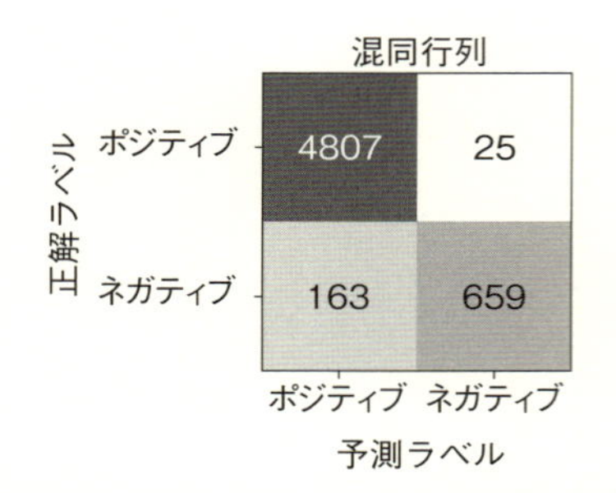

図 3.2 検証データに対する推論結果の混同行列
（正解と予測がともにポジティブであるレビューが4807件，正解がポジティブで予測がネガティブであるレビューが25件，正解と予測がともにネガティブなレビューが659件，正解がネガティブで予測がポジティブのレビューが163件であることがわかる）

表 3.2 正解ラベルごとの適合率，再現率

正解ラベル	適合率	再現率
ポジティブ	0.967	0.995
ネガティブ	0.963	0.802

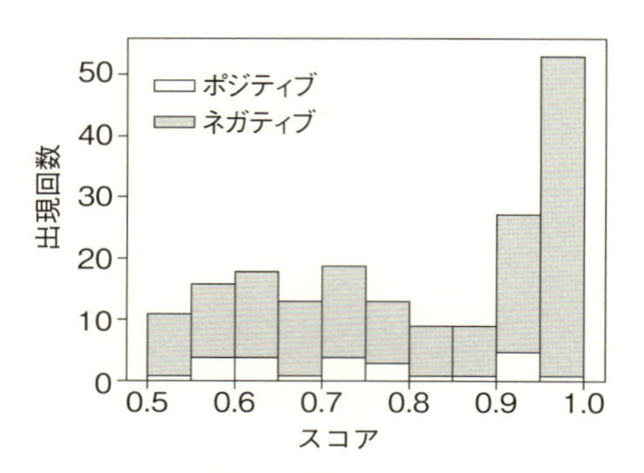

図 3.3 モデルが推論間違いをしたレビューのスコア分布
（レビューのスコアと正解を可視化することで，スコアが1に近い間違いをした（＝自信をもって間違えた）のか，スコアが0.5に近い間違いをした（＝ポジティブかネガティブかあいまいと判断した）のかを確認している）

- 正解がネガティブなのに、誤ってポジティブと推論してしまったレビューの例
  - ティンカーベルシリーズはすべて見ています。こちらも他と同様とても楽しめました。テレンスがチラッとしか出てこないのは残念です・・・
  - 値段の関係で北米版を買いました。が、開けてびっくり玉手箱？！DISCが一枚足りません･･･。今までホルダーから外れてることは多々あったんですけどこれには参りました。(涙)

これらからは，レビューの中にポジティブとネガティブな表現がどちらも含まれていると，誤った推論をしてしまうことがわかります．

応用レシピ

今回のレシピの応用について，簡単に説明します．

データセットを変更する

今回はカスタマーレビューのデータセットであるMARC-jaを取り扱ってポジネガ判定のタスクを行いました．分類モデルは同じでも，種類の異なるデータセットを取り扱えば，まったく別のテキスト分類タスクを行うことができます．例えば，スパムメールのデータを用いれば，そのメールがスパムか否かを分類するモデルを作成することができます．

データの偏りに対処する

今回もそうでしたが，各分類ラベルに含まれるデータ数の差が大きく，データの偏りがある場合，一般にデータが少ないラベルの分類がうまくできません．データの偏りに積極的に対処すれば，より精度の高いテキスト分類タスクをこなすことが可能です．これには，前述のとおり，データ拡張，アップサンプリングおよびダウンサンプリングが有効です．

一例として，自然言語処理における**データ拡張**の手法の一部をあげます．

- **同義語変換**（synonym replacement）：テキストに出現する単語を，同義語や意味が似ている単語に置き換えてデータを増やします．これにより，テキストの意味を大きく変えずに，バリエーションを増やすことができます
- **逆翻訳**（back translation）：テキストを異なる言語に翻訳し，その後，もとの言語に戻すことで異なる表現を得てデータを増やします．これにより，テキストの意味を保ちながら，自然な新たなテキストを生成することができます

タスクに合わせてモデルを選定する

今回は，日本語のBERTモデルを利用しました．当然，英語のレビューが対象の場合は，英語のBERTモデルが適切です．また，科学技術分野のテキストが対象の場合は，科学技術分野に特化した**SciBERT**を用いるとより精度が出やすいでしょう．

このように，利用するタスクに合わせて適切なモデルを選定することで，さらなる精度の向上が期待できます．

FINE TUNING RECIPES

3.2 マルチラベルテキスト分類のファインチューニング

マルチラベルテキスト分類（multilabel text classification，**多クラステキスト分類**）とは，１つのテキストデータを「複数のクラス」に分類するタスクです．例えば

「この映画はとても面白かったけど，結末が悲しすぎて涙が止まらなかった.」

というレビューに対して，「楽しみ」と「悲しみ」という，２つの感情ラベルを割り当てるタスクが該当します．前節で説明したテキスト分類のタスクでは１つのテキストデータに対してポジティブかネガティブのいずれか１つのラベルしか割り当てられないのに対し，マルチラベル分類のタスクでは，１つのテキストデータに対して同時に複数のラベルを割り当てます．

また，これと似たタスクに**マルチクラス分類**（multi class classification，**多クラス分類**）があります．こちらは，３つ以上のクラスがある中から，１つのテキストデータを「１つのクラス」を割り当てる分類タスクのことを指します．例えば，ある動物の画像を「イヌ」「ネコ」「鳥」のいずれかに分類するタスクがこのマルチクラス分類です．

つまり，１つのテキストデータに複数のラベルを付与するタスクはマルチラベル分類，１つのテキストデータを複数のクラスのいずれかに分類するタスクはマルチクラス分類（１つのラベルしか付与しない）です．マルチラベルテキスト分類のタスクの例をあげます．

- **ニュース記事の分類**
  - ニュース記事は通常，政治，経済，国際関係など，複数のカテゴリに属します
- **顧客フィードバックの分析**
  - 顧客フィードバックは一般に，サービス，価格，品質など，複数の側面で言及されます
- **商品レビューの分析**
  - 商品レビューは一般に，デザイン，機能性，価格など，複数の要素を評価します

以下では，掲示板型ソーシャルニュースサイトのReddit注11のコメントにおける感情認識のファインチューニングについて解説します．

レシピの概要

データセット

Google社の研究部門であるGoogle Researchが公開した**GoEmotions**というデータセットを利用します[27)]．GoEmotionsは，掲示板型ソーシャルニュースサイトのRedditのコメントに対して，人間が感情のラベルを付与したデータセットです．コメントの総数や感情は**表3.3**のとおりです．

表3.3　GoEmotionsの各種情報

コメントの総数	58,009件
ラベルの数	28個（27感情 + Neutral（中立））
感情のカテゴリ	admiration（賞賛），amusement（娯楽），anger（怒り），annoyance（迷惑），approval（承認），caring（思いやり），confusion（混乱），curiosity（好奇心），desire（願望），disappointment（失望），disapproval（不承認），disgust（嫌悪），embarrassment（困惑），excitement（興奮），fear（恐怖），gratitude（感謝），grief（悲しみ），joy（喜び），love（愛），nervousness（緊張），optimism（楽観），pride（誇り），realization（実感），relief（安堵），remorse（後悔），sadness（悲しみ），surprise（驚き）

また，GoEmotionsには，次のようなコメントがあります．

- **中立**
  - My favorite food is anything I didn’t have to cook myself.
- **願望，楽観**
  - We need more boards and to create a bit more space for [NAME]. Then we’ll be good.
- **迷惑，困惑**
  - Shit, I guess I accidentally bought a Pay-Per-View boxing match.

注11　ユーザがニュースやビジネス，スポーツなどさまざまな話題に関する雑談や質問などを投稿し，ほかのユーザがコメントできる英語圏での利用が多い掲示板サイトです．

手法

DistilRoBERTaというモデルを用います[28)]．**DistilRoBERTa**は，RoBERTa（Robustly optimized BERT approach）と呼ばれるBERTベースのモデルを，**DistilBERT**[注12]と呼ばれるモデルと同じ方法で軽量化したモデルです[29)]．簡単にいえば，BERTのモデルに次の変更を加えたモデルです．

- 学習に利用するデータと回数を増やす (RoBERTaの手法)
- NSP（Next Sentence Prediction，次文予測）と呼ばれる次の文章の推論処理を事前学習に使用しない (RoBERTaの手法)
- 事前学習前に必ず文章にマスク処理を行うのではなく，毎回ランダムにマスク処理を行う (RoBERTaの手法)
- 上記で学習したモデルを小さいモデルの学習に利用してモデルを軽量化する（＝**蒸留**（distillation））（DistilBERTの手法）

軽量化には，①ファインチューニングの時間が短くなり，試行錯誤がしやすくなる，②必要な計算リソースが小さくて済み，低コストで評価や運用ができるという２つのメリットがあります．

評価指標

評価指標には，一般に以下のものを用います．

- **正解率**：正しく（複数の）感情ラベルを付与できているかの評価指標です
- **macro-F_1**：クラスごとに計算したF_1-scoreの平均です．不均衡データの影響を受けにくいという特徴をもちます
- **micro-F_1**：正しく推論されたラベルの割合です．マルチクラス分類の場合は正解率の計算結果と同じになりますが，マルチラベル分類の場合は異なる結果になります
- **AUC**：陽性か陰性かを設定するためのしきい値（カットオフ値）を見つけるために利用する曲線（ROC曲線）における下側の領域の面積です．この値は0～1の範囲をとり，1に近づくほどよいモデルとなります

このうち，クラスごとのF_1-scoreの平均をとるmacro-F_1を利用します．macro-F_1は，ある特定のクラスの影響を直接受けにくい特徴をもちます．詳細はAppendixを参照してください．

注12　BERTを蒸留という手法で軽量化したモデルです．

この理由は，使用するデータセットがNeutral（中立）の数が多い不均衡データになっているからです（データ分析の箇所で詳細を説明します）．

事前準備 1 ライブラリのインストール

基本的には3.1節と同様のコードでファインチューニングが実現できます．

以下のライブラリを利用します．Google Colabで今回のファインチューニングを実行する場合は，Google Colabにある「ライブラリのインストール」によってインストールしてください．それ以外の環境で今回のファインチューニングを実行する場合は，筆者がライブラリのインストール実行時に利用したバージョンとライブラリを以下に記載しますので，こちらを参考のうえ，インストールしてください．

- numpy：1.23.5
- scikit-learn：2.2.1
- torch：2.1.0
- transformers：4.38.2
- datasets：2.18.0
- evaluate：0.4.1
- accelerate：0.28.0
- matplotlib：3.7.1
- seaborn：0.13.1
- japanize-matplotlib：1.1.3

事前準備 2 データセットの準備

今回使用するGoEmotionsデータセットはHugging Faceで公開されています．これは以下のURLから入手できます．

https://huggingface.co/datasets/go_emotions

次のコードを実行して，データセットをダウンロードします．ここで，引数splitを利用すると，特に今回使用するデータセットのサブセットを直接取得することができます．訓練データ（train）と検証データ（validation），評価データ（test）を利用します．

chapter3/2-1_multi_label_classification_train.ipynb

```
1  # データセットの読み込み
2  train_dataset = load_dataset('go_emotions', name='simplified', split="train")
3  valid_dataset = load_dataset('go_emotions', name='simplified', split="validation")
4  test_dataset = load_dataset('go_emotions', name='simplified', split="test")
```

それぞれのデータの中身をprint()関数を実行してみてみると，次の出力が得られます．

```
# 訓練データ
Dataset({
    features: ['text', 'labels', 'id'],
    num_rows: 43410
})
# 検証データ
Dataset({
    features: ['text', 'labels', 'id'],
    num_rows: 5426
})
# 評価データ
Dataset({
    features: ['text', 'labels', 'id'],
    num_rows: 5427
})
```

この結果から，いずれのデータにもtext，labels，idの３項目が含まれることがわかります．また，訓練データは43410件，検証データは5426件であること，評価データには5427件のコメントが含まれていることがわかります．

```
# train_dataset[7]の詳細
{'text': 'We need more boards and to create a bit more space for [NAME]. Then we' ll be
 good.', 'labels': [8, 20], 'id': 'ef4qmod'}
```

さらに詳細を確認するために，訓練データの一部をみてみましょう．すると，textにはコメントの内容，labelには数字，labelsには８と20の複数のラベル，idにはコメントを特定するためのテキストが含まれていることがわかります．ここで，labelの数字と感情の対応を確認します．

```
# train_dataset.features["labels"]の詳細
Sequence(
    feature=ClassLabel(
        names=['admiration', 'amusement', 'anger', 'annoyance', 'approval', 'caring', '
confusion', 'curiosity', 'desire', 'disappointment', 'disapproval', 'disgust', '
embarrassment', 'excitement', 'fear', 'gratitude', 'grief', 'joy', 'love', 'nervousness
', 'optimism', 'pride', 'realization', 'relief', 'remorse', 'sadness', 'surprise', '
neutral'],
        id=None
```

```
    ),
    length=-1,
    id=None
)
```

names[8]とnames[20]はそれぞれ「desire（願望）」と「optimism（楽観）」に対応しており，先ほどのコメントはこれら２つの感情が含まれるテキストであることがわかります．

一方，labelsはモデルの学習時の仕様に合わせるために，型をintからfloatに変換する必要があります．そのため，バックアップとして，もとのlabelsをlabels_oldに置き換えて保存しておきます．

chapter3/2-1_multi_label_classification_train.ipynb

```
1  train_dataset = train_dataset.rename_columns({'labels': 'labels_old'})
2  valid_dataset = valid_dataset.rename_columns({'labels': 'labels_old'})
3  test_dataset = test_dataset.rename_columns({'labels': 'labels_old'})
```

事前準備 3 モデルの読み込み

今回はモデルに**distilroberta-base**注13を使用します．

まず，ラベルとIDを相互変換できるようにするために，ラベルとIDの関係を取得します．

chapter3/2-1_multi_label_classification_train.ipynb

```
1  # ラベルの情報を保存
2  classes = train_dataset.features["labels_old"].feature.names  # ラベルの情報を取得
3  id2label = {}  # ID からラベルを取得するための辞書
4  label2id = {}  # ラベルから ID を取得するための辞書
5  for i, label in enumerate(train_dataset.features["labels_old"].feature.names):
6      id2label[i] = label
7      label2id[label] = i
```

それでは，distilbert/distilroberta-baseを読み込みましょう．テキスト分類用のAutoModelForSequenceClassificationクラスの引数problem_typeに，マルチラベル分類を示す「multi_label_classification」を与えます．

注13　Hugging FaceのURLは以下のとおりです．
https://huggingface.co/distilbert/distilroberta-base　（2024年８月現在）

chapter3/2-1_multi_label_classification_train.ipynb

```
1  # モデルの読み込みとラベル情報の付与
2  model = AutoModelForSequenceClassification.from_pretrained(
3      "distilbert/distilroberta-base",
4      num_labels=len(classes),
5      label2id=label2id,
6      id2label=id2label,
7      problem_type="multi_label_classification",  # マルチラベル分類の指定
8  )
```

事前準備4 トークナイザの準備

次のコードを実行してトークナイザを読み込みます．distilbert/distilroberta-baseでは，ほかのライブラリをインストールしなくてもトークナイザを読み込めます．

chapter3/2-1_multi_label_classification_train.ipynb

```
1  tokenizer = AutoTokenizer.from_pretrained("distilbert/distilroberta-base")
```

トークナイザの用意ができましたので，次のコードを実行して，訓練データと検証データのテキストをトークンIDに変換します．このとき，3.1節では，まとまった単位（ミニバッチ）ごとに処理をすることで処理時間を効率化しました．しかし，今回は，それぞれの感情IDごとに，該当する感情IDが「含まれる場合」に1，「含まれない場合」に0と（1つのデータに含まれる）感情ID（[1, 27]）を変換（例：labels[1] = float(1.0)）して，ファインチューニングを実行できるデータ形式にする必要があります．したがって，map()の引数batched=Trueを指定しないで，1データずつ処理を行います．

また，変換後のデータセットにはもとの変数名の情報が不要であるため，もとの変数名を削除する引数remove_columns=test_dataset.column_namesを指定しています．ここで，labels[label] = float(1.0)でfloat型の値を代入する理由は，前述のとおり，学習をするために変数labelsの値をfloat型にする必要があるからです．

chapter3/2-1_multi_label_classification_train.ipynb

```
1  def tokenize_dataset(example) -> dict:
2      """
3      入力データをトークンIDに変換する.
4
5      Args:
6          example (dict): 入力文とラベルを含む辞書 (トークナイズ化対象のデータセット)
```

```
7
8       Returns:
9           dict: トークンIDに変換された文とラベルを含む辞書
10      """
11
12      all_labels = example["labels_old"]
13      labels = [float(0.0) for _ in range(len(classes))]
14      for label in all_labels:
15          labels[label] = float(1.0)
16
17      example_output = tokenizer(example["text"], truncation=True)
18      example_output["labels"] = labels
19      return example_output
20
21
22  # トークンIDへの変換. 今回は1件ずつ処理したいため, batched=True を指定しない
23  tokenized_train_datasets = train_dataset.map(tokenize_dataset, remove_columns=
    test_dataset.column_names)
24  tokenized_valid_datasets = valid_dataset.map(tokenize_dataset, remove_columns=
    test_dataset.column_names)
25  tokenized_test_datasets = test_dataset.map(tokenize_dataset, remove_columns=
    test_dataset.column_names)
```

さらに前回と同様に，dynamic paddingを使用してパディングを行います．

chapter3/2-1_multi_label_classification_train.ipynb

```
1   data_collator = DataCollatorWithPadding(tokenizer=tokenizer)
```

事前準備 5 データの確認

前述のとおり，データに偏りがあると分析結果に大きな影響が生じます．したがって，どの感情ラベルに分類されるデータ（コメント）が多いのか，（各データに同時に含まれる）それぞれの感情ラベルの数を確認してみましょう．

図 3.4 は，感情ラベルごとの数のヒストグラム（感情ラベルの分布）です．これをみると，neutral（中立），admiration（賞賛），approval（承認），gratitude（感謝）の順で多いことがわかります．そして，訓練データ，検証データ，評価データの間で，それぞれの感情ラベルの全体に対する割合が大きく変わらないこともわかります．

表 3.4 は，各データ（コメント）の同時に含まれる感情ラベル数をまとめたものです．や

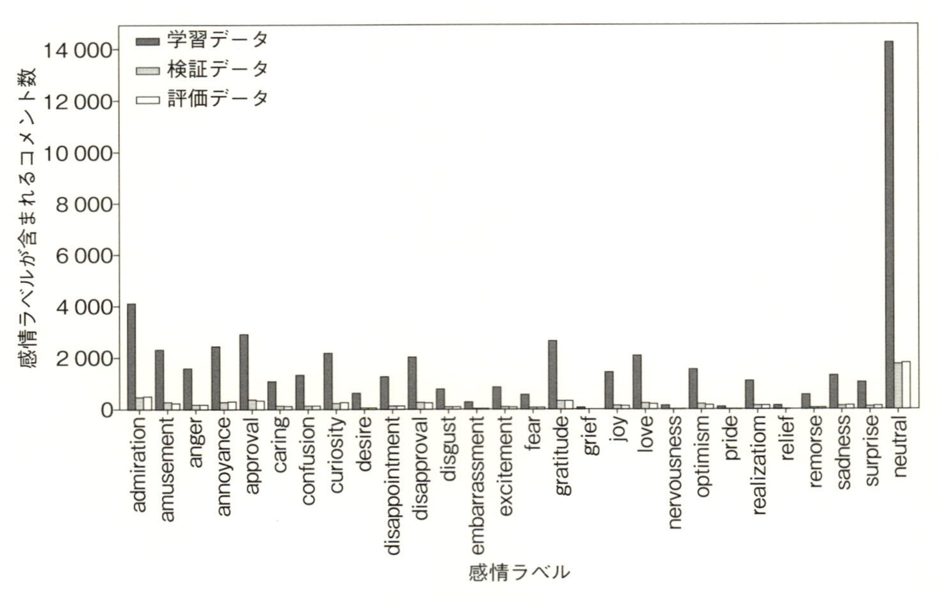

図 3.4　データセットに含まれる感情ラベルの分布

表 3.4　各データ（コメント）の同時に含まれる感情ラベル数
（括弧内の数値（百分率）は小数第2位で四捨五入している）

感情ラベル数	訓練データ	検証データ	評価データ
1	36308 (83.6%)	4548 (83.8%)	4590 (84.5%)
2	6541 (15.1%)	809 (14.9%)	774 (14.3%)
3	532 (1.2%)	62 (1.1%)	61 (1.1%)
4	28 (0.1%)	7 (0.1%)	2 (0.0%)
5	1 (0.0%)	0 (0.0%)	0 (0.0%)

はり訓練データ，検証データ，評価データの間で，それぞれの感情ラベルの全体に対する割合は大きく変わらないことが示されています．よって，今回使用するデータセットは，訓練データ，検証データ，評価データの間で感情ラベルの偏りがないといってよいでしょう．

ファインチューニングの実装

それでは，ファインチューニングを行っていきましょう．

(1) 評価関数の定義

評価関数を定義して，モデルの評価指標を用意します．今回は，主な評価指標をmacro-F_1，そのほかの評価指標を正解率とAUCとします．そして，それぞれの感情ラベルが付与されるかどうかを決める各評価指標のしきい値（threshold）を0.5とします．

chapter3/2-1_multi_label_classification_train.ipynb

```
1  def multi_label_metrics(predictions: np.ndarray, labels: np.ndarray, threshold:
   float = 0.5) -> dict:
2      """
3      マルチラベル分類の評価指標を計算する.
4  
5      Args:
6          predictions (numpy.ndarray): 各ラベルの予測確率
7          labels (numpy.ndarray): 正解ラベル
8          threshold (float, optional): 確率を2値に変換するためのしきい値. 初期値は0.5.
9  
10     Returns:
11         dict: midro-F1, macro-F1, AUC, 正確性を含む評価指標の辞書
12     """
13 
14     sigmoid = torch.nn.Sigmoid()
15     probs = sigmoid(torch.Tensor(predictions))
16 
17     y_pred = np.zeros(probs.shape)
18     y_pred[np.where(probs >= threshold)] = 1
19 
20     y_true = labels
21     accuracy = accuracy_score(y_true, y_pred)
22     f1_micro_average = f1_score(y_true=y_true, y_pred=y_pred, average="micro")
23     f1_macro_average = f1_score(y_true=y_true, y_pred=y_pred, average="macro")
24     roc_auc = roc_auc_score(y_true, y_pred, average="micro")
25 
26     return {"micro_f1": f1_micro_average, "macro_f1": f1_macro_average, "roc_auc":
   roc_auc, "accuracy": accuracy}
27 
28 
29 def compute_metrics(p: EvalPrediction) -> dict:
30     """
31     マルチラベル分類の評価指標を用意する.
32 
33     Args:
```

```
34          p (EvalPrediction): クラスのインスタンス
35
36      Returns:
37          dict: 計算された指標を含む辞書
38      """
39      predictions = p.predictions[0] if isinstance(p.predictions, tuple) else p.
predictions
40      result = multi_label_metrics(predictions=predictions, labels=p.label_ids)
41      return result
```

(2) 学習条件の設定

続いて，学習の条件を設定します．これは，TrainingArguments クラスで指定します．今回は軽量のモデルを利用しているので，エポック数は30と，少し多めにしています．

chapter3/2-1_multi_label_classification_train.ipynb

```
1  training_args = TrainingArguments(
2      output_dir=TRAIN_LOG_OUTPUT,  # モデルの保存先
3      num_train_epochs=30,  # エポック数
4      learning_rate=1e-5,  # 学習率
5      per_device_train_batch_size=32,  # 学習時のバッチサイズ
6      per_device_eval_batch_size=32,  # 評価時のバッチサイズ
7      weight_decay=0.01,  # 重み減衰
8      save_strategy="epoch",  # モデルの保存タイミング
9      logging_strategy="epoch",  # ログの出力タイミング
10     evaluation_strategy="epoch",  # 評価のタイミング
11     optim="adafactor",  # 最適化手法
12     gradient_accumulation_steps=4,  # 勾配蓄積のステップ数
13     load_best_model_at_end=True,  # 最良のモデルを最後に読み込むかどうか
14     metric_for_best_model="macro_f1",  # 最良のモデルを判断する評価指標
15     fp16=True,  # 16bit 精度を利用するかどうか
16     overwrite_output_dir=True,  # 出力先のディレクトリを上書きするかどうか
17 )
```

(3) ファインチューニングの実行

それではファインチューニングを実行しましょう．すなわち，Trainer クラスに利用するモデルやデータセットなどの情報を与え，trainer.train() 関数を実行してファインチューニングを開始します．筆者は，Google Colab にて T4 の GPU を選択して 1 時間程度で学習が完了しました．一方，3.1 節のファインチューニングでは 3 エポックで 3 時間程度かかりましたので，軽量化の効果で高速にファインチューニングできました．

chapter3/2-1_multi_label_classification_train.ipynb

```
1  trainer = Trainer(
2      model=model,  # 利用するモデル
3      args=training_args,  # 学習時の設定
4      train_dataset=tokenized_train_datasets,  # 訓練データ
5      eval_dataset=tokenized_valid_datasets,  # 評価データ
6      tokenizer=tokenizer,  # トークナイザ
7      data_collator=data_collator,  # データの前処理
8      compute_metrics=compute_metrics,  # 評価指標の計算
9  )
10
11 # 学習の実行
12 trainer.train()
```

ファインチューニングの完了後，次のコードを実行して，検証データに対する評価指標を確認します．

chapter3/2-1_multi_label_classification_train.ipynb

```
1  eval_metrics = trainer.evaluate(tokenized_valid_datasets)
2  print(eval_metrics)
```

これによって，macro-F1は0.438，micro-F1は0.568，正解率（Accuracy）は0.458，AUCは0.743という結果が得られます．

(4) モデルの保存

最後にファインチューニング済みのモデルを保存します．

chapter3/2-1_multi_label_classification_train.ipynb

```
1  trainer.save_model(MODEL_OUTPUT)
```

評価

ファインチューニング済みのモデルができ上がりましたのでさっそく評価してみましょう．

✔ ファインチューニング済みモデルの読み込み

次のコードを実行して，ファインチューニング済みモデルの読み込みと利用したトークナ

イザの読み込みを行います．ここで，MODEL_INPUTは保存したモデルの場所を指定する定数です．

chapter3/2-2_multi_label_classification_eval.ipynb

```
# 利用するデバイスの確認（GPU or CPU）
device = torch.device("cuda" if torch.cuda.is_available() else "cpu")

# モデルの読み込み
model = AutoModelForSequenceClassification.from_pretrained(
    MODEL_INPUT,
    ignore_mismatched_sizes=True,
    problem_type="multi_label_classification"
).to(device)

# トークナイザの読み込み
tokenizer = AutoTokenizer.from_pretrained(MODEL_INPUT)
```

☑ 推論

3.1節では，パイプラインを用いて推論を実行しましたが，今回は別のアプローチとして，ファインチューニング時に利用したTrainerクラスを用いて推論・評価を行います．このために，モデル，トークナイザ，data_collator，評価指標の計算用関数compute_metrics()を用意します．

chapter3/2-2_multi_label_classification_eval.ipynb

```
trainer = Trainer(
    model=model,  # 利用するモデル
    tokenizer=tokenizer,  # トークナイザ
    data_collator=data_collator,  # データの前処理
    compute_metrics=compute_metrics,  # 評価指標の計算
)
```

また，精度を測るための評価データとして，ファインチューニング時に作成したtokenize_dataset関数を用いて評価データをトークンIDに変換したものを用意します．

chapter3/2-2_multi_label_classification_eval.ipynb

```
tokenized_test_datasets = test_dataset.map(
    tokenize_dataset,
    remove_columns=test_dataset.column_names
```

```
4 )
```

精度の評価

それでは，評価データに対する精度評価を行ってみます．まず，評価指標の値を確認しましょう．これは，trainer.evaluate(tokenized_dataset)関数を実行するだけで簡単にできます．

chapter3/2-2_multi_label_classification_eval.ipynb

```
1 trainer.evaluate(tokenized_test_datasets)
```

次の結果が得られました．

- 正解率: 0.458
- micro-F1: 0.575
- macro-F1: 0.437
- AUC: 0.748

一方，trainer.predict()関数にトークンIDに変換したデータセットを渡して推論結果を得ることもできます．これをcompute_metric()関数に渡すことで，trainer.evaluate()関数を使ったときと同じ結果が得られます．trainer.predict()関数に渡すほうが推論結果の生の値が得られるため，詳細の分析がしやすいのでおすすめです．

chapter3/2-2_multi_label_classification_eval.ipynb

```
1 # trainer.evaluate()と同等の処理
2 predict = trainer.predict(tokenized_test_datasets)
3 test_eval = compute_metrics(predict)
```

ここまでで全体の精度はわかりました．もう少し詳しくみるため，クラスごとの正解率を確認してみます．このために，次のコードで推論結果を保存した変数predictで得られた値を，①シグモイド関数を用いて０から１の範囲に変換した変数probs，および，②変数probsの値がしきい値（引数threshold）以上のとき，対応する感情を含むとして１に，そうでない場合に０に変換したy_predの２つの変数を取得します．

chapter3/2-2_multi_label_classification_eval.ipynb

```
def multi_label_predict(predictions: np.ndarray, threshold: float = 0.5) -> np.ndarray:
    """
    しきい値を利用して，予測確率を2値予測に変換する．

    Args:
        predictions (numpy.ndarray): 各ラベルの予測確率
        threshold (float, optional): 確率を2値に変換するためのしきい値．初期値は0.5.

    Returns:
        Tuple[numpy.ndarray, numpy.ndarray]: 各ラベルの予測確率と2値予測結果
    """
    sigmoid = torch.nn.Sigmoid()
    probs = sigmoid(torch.Tensor(predictions))

    y_pred = np.zeros(probs.shape)
    y_pred[np.where(probs >= threshold)] = 1

    return probs, y_pred

probs, y_pred = multi_label_predict(predict.predictionsm, threshold=0.5)
```

表 3.5　クラスごとの評価結果

感情	適合率	再現率	F_1-score	感情	適合率	再現率	F_1-score
admiration	0.692	0.734	0.712	fear	0.671	0.603	0.635
amusement	0.771	0.841	0.804	gratitude	0.949	0.901	0.924
anger	0.553	0.444	0.493	grief	0.000	0.000	0.000
annoyance	0.468	0.206	0.286	joy	0.669	0.553	0.605
approval	0.508	0.376	0.432	love	0.785	0.811	0.798
caring	0.505	0.348	0.412	nervousness	1.000	0.043	0.083
confusion	0.495	0.346	0.408	optimism	0.640	0.478	0.548
curiosity	0.521	0.518	0.519	pride	0.000	0.000	0.000
desire	0.694	0.410	0.515	realization	0.500	0.138	0.216
disappointment	0.417	0.099	0.160	relief	0.000	0.000	0.000
disapproval	0.422	0.345	0.379	remorse	0.609	0.696	0.650
disgust	0.649	0.390	0.487	sadness	0.639	0.500	0.561
embarrassment	0.778	0.378	0.509	surprise	0.592	0.504	0.544
excitement	0.587	0.359	0.446	neutral	0.722	0.500	0.591

表 3.5 は，これらの変換した値をもとに，ラベルごとの正解率を示しています．これをみると，以下のことがわかります．

(1) gratitude（感謝），love（愛），amusement（娯楽）の順に F_1-score の値が高い．これらはいずれも訓練データが多いクラスであり，訓練データに含まれる数が多いクラスの推論精度は全体的に高い

(2) grief（悲しみ），pride（誇り），relief（安堵）は，precision，recall がともに 0 である．これらはいずれも訓練データが少ないクラスであり，訓練データに含まれる数が少ないクラスの推論精度は全体的に低い

(3) nervousness（緊張）は，precision が高く，recall と F_1-score が低い．これは，nervousness と予測したものを高精度で正解できているものの，正解が nervousness であるコメント全体をカバーできていないことを意味する

応用レシピ

3.1 節の応用レシピ，すなわち，「データセットの変更」「データの偏りへの対処」「タスクに合わせたモデルへの変更」はいずれも今回のファインチューニングでも可能です．

しきい値の調整

ラベルを付けるかどうかを決めるためのしきい値は，分類タスクの精度に大きな影響を及ぼします．つまり，これをうまく調整できれば，比較的簡単に精度向上が見込めます．

しきい値の調整には大きくいって，①全体のしきい値の調整，②クラスごとのしきい値の調整，の 2 つの方法があります．①は単純に，しきい値を 0 から 1 の間で変化させていって評価指標が最もよい値を示すしきい値を選ぶという方法です．しかし，この方法には，クラスごとに確認していないので特定のクラスの精度が極端に低下するリスクがあります．②は，クラスごとにしきい値を 0 から 1 に変化させていって評価指標の最もよい値を示すしきい値をそのクラスのしきい値にする方法です．しかし，この方法には，実装の手間が増えるという問題があります．また，どちらの方法でも，調整に利用するデータの影響を強く受ける過学習の傾向が高くなります．つまり，未知のデータに対する精度が低下するリスクがあります．あまり調整にこりすぎないことが大切です．

FINE TUNING RECIPES 3.3

類似文章検索のファインチューニング

類似文章検索とは，文章間の類似度を評価することで，多数の文章の中から任意の文章と似た文章を探し出すタスクです．例えば，FAQ（Frequently Asked Questions）サイトにおいて，あるユーザの質問が過去にすでに解決されている質問と類似している場合，その類似している過去の質問と回答を推薦することで，同じような質問が書かれたページが乱立してしまうことを未然に防ぐことができます．

また，ニュースサイトにおいて，今日の記事と似た内容の過去の記事を同時に推薦することができれば，ユーザの閲覧数を増やせる可能性があり，さらに今日の記事に対してより深い理解が得られるようにユーザを支援することにもつながると考えられます．

以下では，JSTSデータセットを用いて文章類似度を0～5の実数で評価するモデルを作成するファインチューニングレシピを解説します．

レシピの概要

データセット

JSTSと呼ばれるデータセットを利用します．これは，**意味的類似度計算**（Semantic Textual Similarity; **STS**）と呼ばれるタスクのために作成されたデータセットで，文ペア（sentence pair）それぞれに対して回帰分析を行って類似度が0（意味が完全に異なる）～5（意味が等価）の実数値が付与されているものです．3.1節で使用したMARC-jaと同じく，日本語言語理解ベンチマークの1つです．

例えば，JSTSの文ペアの中には以下のようなものが含まれています．

- **類似度が０の文ペア**
  - 川べりでサーフボードを持った人たちがいます。
  - トイレの壁に黒いタオルがかけられています。
- **類似度が５の文ペア**
  - 真っ赤な二階建てのバスが、停まっています。
  - 赤い二階建てバスが停まっています。

手法

今回のように，文章の類似度を評価するタスクには，一般にさまざまなアプローチが存在します．なかでも，比較的古くから活用されているものが**ベクトル空間モデル**（vector space model）です．ベクトル空間モデルは，文章を何かしらの方法でベクトル表現に変換したうえで，ベクトルの類似度を評価することで文章の類似度を評価するというものです．

ただし，ベクトル空間モデルは，文章をベクトル表現に変換する方法によって精度が大きく変化します．これには，例えば，文章中の単語の出現回数を単純に並べる方法から，単語の出現頻度を考慮して（各単語の重要度を数値化する）TF-IDFなどで算出する方法，さらにはニューラルネットワークを用いて複雑な変換処理を行う方法まで，さまざまなものがあります．一方，今回は，BERT（3.1節参照）を用いることで，文章をベクトル化せず，文ペアを入力として類似度を直接出力するモデルとします．

評価指標

ピアソンの相関係数（Pearson correlation coefficient）と，**スピアマンの順位相関係数**（Spearman's rank correlation coefficient）の２種類の評価指標を用います．

一般に，相関係数は２変数の間の単調な関係性の強さ，つまりは「一方が増えると他方も増える」という正の相関，ないしは「一方が減ると他方も減る」という負の相関を評価するための指標です．ピアソンの相関係数は，２つの変数間の線形相関（直線的な関係性）を評価するための指標で，−１〜１の値をとります．これを用いることで，直線的な関係性に注目したうえで，関係性の強さを評価することができます．

対して，スピアマンの順位相関係数も−１〜１の値をとりますが，ピアソンの相関係数が変数間の直線的な関係性に注目しているのに対して，スピアマンの順位相関係数はデータの大小関係にもとづく順位のみを考慮します．そのため，線形な関係は認められない場合でも，大小関係の順位が一致する場合（片方の順位が大きくなった際に，もう片方の順位も大きくなる場合）は１に近く，大小関係の順位が一致しない場合（片方の順位が大きくなった際に，もう片方の順位は小さくなる場合）は－1に近くなる性質があります．

なお，いずれの相関係数においても，値が大きいほど，類似度の正解スコアとモデルの推論スコアの相関が強く，モデルの性能がよいことを意味します．

事前準備 1 ライブラリのインストール

以下のライブラリを利用します．Google Colabで実行する場合は，「ライブラリのインストール」からインストールしてください．それ以外の環境で実行する場合は，筆者がライブラリのインストール実行時に利用したバージョンとライブラリを以下に記載しますので，これらを事前にインストールしてください．

- numpy：1.23.5
- scikit-learn：1.2.2
- torch：2.1.0
- transformers：4.35.2
- datasets：2.17.1
- evaluate：0.4.1
- accelerate：0.27.2
- matplotlib：3.7.1
- seaborn：0.13.1
- japanize-matplotlib：1.1.3
- fugashi：1.3.0
- unidic-lite：1.0.8

事前準備 2 データセットの準備

今回使用するJSTSはGitHubやHugging Faceで公開されています．筆者は次のURLにあるものを使用しました．

https://huggingface.co/datasets/shunk031/JGLUE

次のコードを実行して，JSTSをダウンロードします．ここで，引数splitを利用することで，今回使用するサブセットを直接取得しています．訓練データ（train）と検証データ（validation）を利用します．

chapter3/3-1_text_similarity_train.ipynb

```
1  train_dataset = load_dataset("shunk031/JGLUE", name="JSTS", split="train",
   trust_remote_code=True
2  )
3  valid_dataset = load_dataset("shunk031/JGLUE", name="JSTS", split="validation",
   trust_remote_code=True
4  )
```

それぞれのデータの中身をprint()関数を使用してみてみます.

```
# 訓練データ
Dataset({
  features: ['sentence_pair_id', 'yjcaptions_id', 'sentence1', 'sentence2', 'label'],
  num_rows: 12451 })

# 検証データ
Dataset({
  features: ['sentence_pair_id', 'yjcaptions_id', 'sentence1', 'sentence2', 'label'],
  num_rows: 1457 })
```

この結果から，各データにはsentence_pair_id, yjcaptions_id, sentence1, sentence2, labelの5項目が含まれること, 訓練データは12451件, 検証データは1457件であることがわかります. さらに，訓練データの一部を確認してみましょう.

```
# train_dataset[0]の詳細
{'label': 0.0, 'sentence1': '川べりでサーフボードを持った人たちがいます. ', 'sentence2': '
トイレの壁に黒いタオルがかけられています. ', 'sentence_pair_id': '0', 'yjcaptions_id':
'10005_480798-10996-92616'}
```

このように，labelには類似度を表す数字が，sentence1, sentence2にはそれぞれ文ペアが，また，sentence_pair_id，yjcaptions_idには文の組合せを特定するための文字列が含まれていることが確認できます.

事前準備3 モデルの読み込み

3.1節と同様に，東北大学の自然言語処理チームが公開している日本語BERT **bert-base-japanese-v3**をモデルに使用します.

なお，今回は読者の皆さんに基礎をつかんでいただくことを重視して，ベースラインとして汎用性の高いモデルを採用していますが，一般にモデルの選択においては，利用する言語やデータセットに合わせることが重要になります.

また，今回もライブラリtransformersにあるAutoModelForSequenceClassificationクラスを使用します. ただし，3.1節と違い，引数problem_typeで回帰処理を指定しています.

chapter3/3-1_text_similarity_train.ipynb

```
# モデルの読み込み
model = AutoModelForSequenceClassification.from_pretrained(
  "cl-tohoku/bert-base-japanese-v3",
  num_labels=1,
  problem_type="regression",
)
```

事前準備4 トークナイザの準備

次のコードを実行してトークナイザを読み込みます．ここで，3.1節と同様にbert-base-japanese-v3を使用するので，fugashi，unidic-liteの2つのライブラリが必要です．なお，今回は必要ありませんが，利用するモデルによっては，さらにトークナイザを適切なものに変更する必要があります．

chapter3/3-1_text_similarity_train.ipynb

```
tokenizer = AutoTokenizer.from_pretrained("cl-tohoku/bert-base-japanese-v3")
```

続いて，次のコードを実行して，訓練データと検証データのテキストをトークン化します．

chapter3/3-1_text_similarity_train.ipynb

```
def tokenize_dataset(example: dict[str, str | int]) -> BatchEncoding:
    """文ペアをトークン化し，IDに変換"""

    example_output = tokenizer(
      example["sentence1"], example["sentence2"], max_length=512
    )

    example_output["labels"] = example["label"]

    return example_output

# トークンIDに変換
tokenized_train_datasets = train_dataset.map(
  tokenize_dataset,
  remove_columns=train_dataset.column_names,
)
tokenized_valid_datasets = valid_dataset.map(
  tokenize_dataset,
  remove_columns=valid_dataset.column_names,
```

```
20 )
```

そして，前回と同様に，dynamic paddingを使用してパディングを行います．

chapter3/3-1_text_similarity_train.ipynb

```
1 data_collator = DataCollatorWithPadding(tokenizer=tokenizer)
```

事前準備 5 データの確認

今回は，類似度スコア分布でデータの偏り具合を確認します．

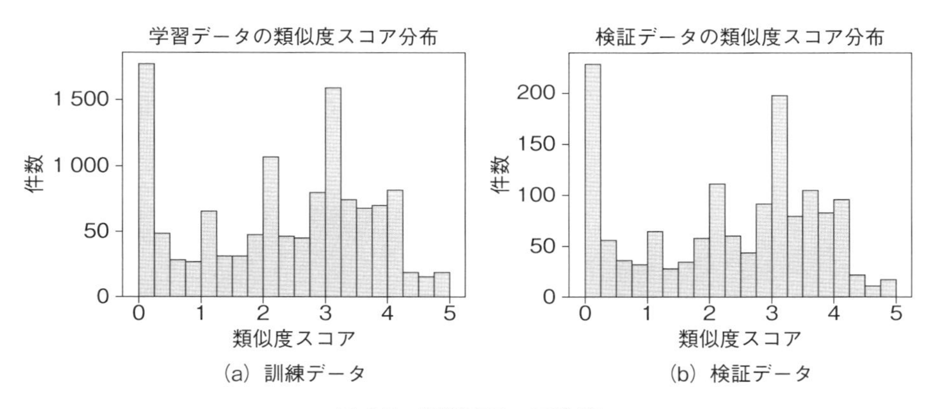

(a) 訓練データ　(b) 検証データ

図 3.5　類似度スコア分布

図 3.5 をみると，訓練データと検証データの分布にほとんど差異がないことから，データの偏りはないといえます．

ファインチューニングの実装

(1) 評価関数の定義

評価関数を定義して，モデルの評価指標を利用できるようにします．今回はスピアマンの順位相関係数を主な評価指標としますが，ピアソンの相関係数も同時に算出します．

chapter3/3-1_text_similarity_train.ipynb

```
def compute_metrics(
    eval_pred: tuple[np.ndarray, np.ndarray]
    ) -> dict[str, float]:
    """推論スコアと正解スコアを入力として，ピアソン，スピアマンの相関係数を算出"""

    predictions, labels = eval_pred
    predictions = predictions.squeeze(1)

    return {
    "pearsonr": pearsonr(predictions, labels).statistic,
    "spearmanr": spearmanr(predictions, labels).statistic,
    }
```

(2) 学習条件の設定

次に，学習の条件を設定します．このため，TrainingArgumentsクラスに各種条件を指定します．

chapter3/3-1_text_similarity_train.ipynb

```
training_args = TrainingArguments(
    output_dir="output_jsts", # 結果の保存フォルダ
    num_train_epochs=3, # エポック数
    learning_rate=2e-5, # 学習率
    lr_scheduler_type="linear", # 学習率のスケジューラ注14の種類
    warmup_ratio=0.1, # 学習率のウォームアップ注15の長さを指定
    per_device_train_batch_size=32, # 学習時のバッチサイズ
    per_device_eval_batch_size=32, # 評価時のバッチサイズ
    save_strategy="epoch", # モデルの保存タイミング
    logging_strategy="epoch", # ログの出力タイミング
    evaluation_strategy="epoch", # 評価のタイミング
    load_best_model_at_end=True, # 最良のモデルを最後に読み込むかどうか
    metric_for_best_model="spearmanr", # 最良のモデルを判断する指標
    fp16=True, # 自動混合精度演算の有効化
    overwrite_output_dir=True, # 出力先のディレクトリを上書きするかどうか
)
```

ここで，引数lr_scheduler_typeによって，学習率スケジューラを設定しています．

注14　スケジューラ（scheduler）とは，モデルの学習時に学習率を自動的に変化させるしくみです．
注15　ウォームアップ（warmup）とは，学習率を徐々に上げていくしくみを指します．事前学習済みモデルの重みをいきなり大きく更新すると，事前に学習した重みが機能しなくなる現象が知られています．

これによって，学習の途中で学習率を増減させます．具体的には，学習開始時は引数 lr_scheduler_type="linear" として学習率を0にしておき，そこから引数 learning_rate で指定した値まで線形に増加させた後，学習終了時には再び0に戻るように線形に減衰させます．このように，学習率を徐々に大きくしていくことを**ウォームアップ**と呼び，今回のモデルのようなトランスフォーマを使用したモデルの学習によく用いられます．

(3) ファインチューニングの実行

それではファインチューニングを実行しましょう．すなわち，Trainer クラスに利用するモデルやデータセットなどの情報を与え，trainer.train() 関数を実行してファインチューニングを開始します．筆者が Google Colab で行ったところ，T4 の GPU を選択した場合に3分ほどかかりました．この結果を3.1節の結果と比較すると，同じモデルを用いた場合でも，タスクの種類やデータの種類の違いによって，ファインチューニングに要する時間が大幅に異なることがわかります．

chapter3/3-1_text_similarity_train.ipynb

```
1  trainer = Trainer(
2      model=model, # 利用するモデル
3      args=training_args, # 学習時の設定
4      train_dataset=tokenized_train_datasets, # 訓練データ
5      eval_dataset=tokenized_valid_datasets, # 評価データ
6      data_collator=data_collator, # データの前処理
7      compute_metrics=compute_metrics, # 評価指標の計算
8  )
```

ファインチューニングの完了後，次のコードを実行して，評価データに対する評価指標を確認します．

chapter3/3-1_text_similarity_train.ipynb

```
1  eval_metrics = trainer.evaluate(tokenized_valid_datasets)
2  print(eval_metrics)
```

ピアソンの相関係数は0.912，スピアマンの順位相関係数は0.870の結果が得られました．

(4) モデルの保存

最後に，ファインチューニング済みのモデルを次のコードで保存します．

chapter3/3-1_text_similarity_train.ipynb

```
1  trainer.save_state() # 評価データのメトリクスの情報を保存
2  trainer.save_model() # モデルの保存
```

評価

できあがったファインチューニング済みモデルを評価してみましょう．

ファインチューニング済みモデルの読み込み

次のコードを実行して，ファインチューニング済みモデルの読み込みと，利用するトークナイザの読み込みを行います．ここで，MODEL_INPUTで保存したモデルの場所を，MODEL_NAMEで利用するモデルを指定しています．

chapter3/3-2_text_similarity_eval.ipynb

```
1  # 利用するデバイスの確認（GPU or CPU）
2  device = torch.device("cuda" if torch.cuda.is_available() else "cpu")
3  
4  # モデルの読み込み
5  model = (AutoModelForSequenceClassification
6  .from_pretrained(MODEL_INPUT, ignore_mismatched_sizes=True)
7  .to(device))
8  
9  # トークナイザの読み込み
10 tokenizer = AutoTokenizer.from_pretrained(MODEL_NAME)
```

推論の準備

今回も3.1節と同様，Hugging Faceのライブラリtransformersにあるpipelinesを使用します．これを使うと，pipeline()に引数として解きたいタスク，モデル，トークナイザを与えて変数pipeを定義し，その変数にテキストを与えることで，テキスト分類の推論を簡単に実施できます．

chapter3/3-2_text_similarity_eval.ipynb

```
1  pipe = pipeline(
2      "text-classification",
3      model=model,
```

```
4       function_to_apply="none", # 出力に適用する関数の指定
5       tokenizer=tokenizer,
6       device=device,
7   )
```

✅ 推論

検証データに対して推論を行います．後で分析するために，変数resultsに推論結果を格納します．

chapter3/3-2_text_similarity_eval.ipynb

```
1   # 推論結果をresultsに格納
2   results: list[dict[str, float | str]] = []
3
4   for i, example in tqdm(enumerate(valid_dataset)):
5       # モデルの推論結果を取得
6       model_prediction = pipe({"text": example["sentence1"], "text_pair": example["
    sentence2"]})
7
8       # resultsに分析に必要な情報を格納
9       results.append(
10          {
11          "example_id": i,
12          "pred_score": model_prediction["score"],
13          "true_score": example["label"],
14          }
15      )
```

✅ 精度の評価

推論結果と正解ラベルの関係を可視化して確かめます．

chapter3/3-2_text_similarity_eval.ipynb

```
1   plt.rcParams["font.size"] = 14 # フォントサイズ設定
2
3   plt.xlabel("正解類似度スコア")
4   plt.ylabel("予測類似度スコア")
5
6   plt.scatter(
7       [i["true_score"] for i in results],
8       [i["pred_score"] for i in results],
```

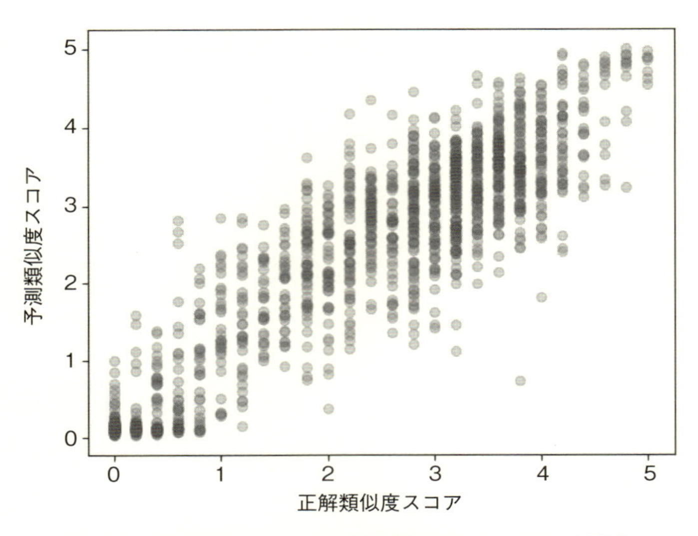

図 3.6　予測類似度スコアと正解類似度スコアの関係性

```
 9        alpha=0.2
10    )
11
12    plt.show()
```

図 3.6 は，縦軸をモデルの推論結果である予測類似度スコア，横軸を正解ラベルである正解類似度スコアとした推論結果のグラフです．予測類似度と正解類似度は等しいほどよいので，このグラフが斜め45°の直線に近いほど理想的といえます．図をみると，概ね直線上に推論結果の点が並んでいる様子がみてとれます．筆者はGoogle ColabでT4を用いて，３分間という，ごく短い時間のファインチューニングを行っただけですが，かなりうまくモデルが学習できていることが確認できます．ぜひ読者の皆さんも自ら試していただき，自然言語処理におけるファインチューニングの有効性を体感していただけたらと思います．

応用レシピ

3.1節で説明した「データセットの変更」「データの偏りへの対処」「タスクに合わせたモデルへの変更」は今回のレシピでも応用できます．

評価指標の変更

今回，スピアマンの順位相関係数をモデルの評価指標に用いました．この評価指標にもとづくと，正解ラベルにおける類似度の順位と，推論結果における類似度の順位が一致することが理想的となります．

しかし，順位の正確性よりも，むしろ文章間の類似度を表す数値の正確さに注目したい場合もあります．こういった場合は，評価指標としてピアソンの相関係数を用いるとよいことがあります．また，類似度算出に直接使用するモデルではなく，まず文章をベクトル化するモデルとしてファインチューニングし，そのファインチューニング済みモデルを用いて得た文章ベクトル間の距離をコサイン類似度で評価する形で文章間の類似度を推論する方法も考えられます．うまくタスクがこなせない場合は，このような手法を試みてみると有効かもしれません．

MEMO

Chapter 4

生成AIの ファインチューニング

近年，生成AIに対する関心が高まり，第4次AIブームの到来ともいわれています．その火付け役となったChatGPTやStable Diffusion等の技術は，すでに一般にも広く認知されています．さらに，生成AIを活用したシステムやサービスが次々と登場し，ビジネスやクリエイティブな領域での応用が急速に進んでいます．
本Chapterでは，文章生成AIと画像生成AIのファインチューニングに焦点を当てて解説します．まず，生成AIの基本概念と全体像を解説します．続いて，質問応答タスクを題材にして，4.1節でプロンプトエンジニアリング，4.2節でLoRAを用いたファインチューニング，4.3節でインストラクションチューニングを利用したファインチューニングについてのレシピを説明します．また，4.4節で，画像生成AIのファインチューニングのレシピを説明します．
生成AI分野の技術的な進歩は非常に早く，日々新たな手法が研究されています．本書で取り上げる内容はごく基礎的なものに過ぎませんが，読者の皆さんにとって出発点となり，今後の研究や新たな関心事への一助となればと思います．

生成AI

生成AI（Generative AI）とは，データから新しいコンテンツを生成するAI技術であり，テキスト，画像，音声，映像などの新しいデータを生成する技術です．この技術は，大規模な学習データからパターンを学習し，それらをもとに新しいコンテンツを生成します．

これと従来の機械学習技術で何が違うのかというと，従来の機械学習技術では関連する過去のデータから規則性を学習し，類似のパターンを識別することに焦点が当てられていました．対して生成AIは，単にデータの規則性を学習・識別するだけではなく，これらのパターンを応用して新しいコンテンツを創出することができることが大きな違いです．このような特徴から，生成AIはゲーム内におけるコンテンツの生成やチャットボットなど，クリエイティブな領域での応用が特に進められています．

基盤モデル

基盤モデル（Foundation Model）とは，「広範なデータで学習された，幅広いタスクに適用できるモデル」のことであり，2021年にスタンフォード大学のHAI（Stanford Human-Centered AI Institute）によって定義されました[30]．

これは，さまざまなドメイン（領域）にわたる大規模なデータを学習させた基盤モデルを活用すれば，未知のタスクに対してゼロから開発することなく，AIモデルを効率的に構築できるというアイデアを基礎にしています（**図4.1**）．いまのところ，完全にすべてのタスクを解くことができるような基盤モデルはまだ登場していませんが，自然言語処理に特化した基盤モデル（**大規模言語モデル**（Large Language Models; **LLM**））や，画像とテキストで学習されたマルチモーダルな基盤モデルなどの活用はすでに進んでいます．

LLMや画像生成モデルなどの生成AIの出現以前は，大規模データで事前に学習されたモデルを特定のタスクに合わせて再学習するケースがほとんどでした．しかし，生成AIの登場により，再学習なしで多様なタスクに対応できるようになり，基盤モデルの概念がよりいっそう具現化されてきています．

文章生成AI

文章生成AIは，一般的にはLLMと呼ばれている，大規模なテキストデータをもとに学習した自然言語処理のモデルのことです．以下では，表記を統一するために文章生成AIと表記します．

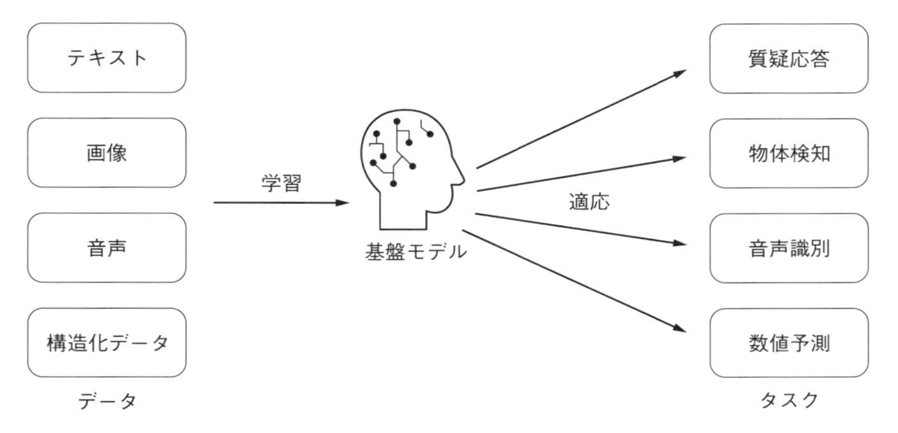

図 4.1　基盤モデルのイメージ図

つまり，文章生成AIは，学習に使用するデータの言語パターンを学習し，それをもとに新しい文章を生成する自然言語処理のモデルです．すでにGPTシリーズ，LLaMAシリーズをはじめとして，さまざまなモデルが開発されており，広く活用されています．

文章生成AIは，与えられた単語列 $w_1, w_2, \ldots, w_{n-1}$ にもとづいて，次の単語 w_n を予測します．そして，これを繰り返すことによって文章を生成します．この予測は，条件付き確率 $P(w_n|w_1, w_2, \ldots, w_{n-1})$ によって表すことができます．すなわち，文章生成AIは条件付き確率を最大化する単語を選択することで，文章を生成します．

また，学習では，**自己教師あり学習**（Self-Supervised Learning; **SSL**）が用いられます．通常の教師あり学習が学習データと教師データのラベルをひも付けて学習するのに対して，自己教師あり学習は，ラベルがないデータに擬似的なラベルを自動生成してモデルを学習します．これによって，ラベルがないデータ（＝教師データが存在しない状況）においても擬似的にラベルを作成しながら学習を進めることができます．つまり，大規模なテキストデータさえ用意できれば，ラベルがない状況下においても文章生成AIは学習できることになります．

文章生成AIは，途中までの文章 $w_1, w_2, \ldots, w_{n-1}$ から次の単語 w_n を予測する**次単語予測問題**を学習します．文章生成AIは，与えられた単語列から次の単語を予測するというシンプルなアプローチで，高精度な文章を生成する能力の獲得を可能にしています．これが効果的な理由は，次の単語を予測する過程で，単に直前の単語の情報だけではなく，広範囲な文脈，文法規則，そして背景知識を総合的に解釈し，それらの複雑な関係性を暗に学習できるからです．

ただし，文章生成AIは「確率的にもっともらしい単語を予測しているだけ」であり，実際に文章の意味を理解しているわけではないという点に注意が必要です．このために，文章生成AIが事実とは異なる文章を生成してしまう**ハルシネーション**（Hallucination，**幻覚**）という現象がたびたび発生します．文章生成AIの活用にあたっては，そのしくみや限界をよく理解したうえで，適切な用途で利用することが求められます．

COLUMN

ビジネスにおける文章生成AIの活用例

文章生成AIは，さまざまな分野で活用が拡大していて，特にChatGPTが市場に登場してからは，その導入が企業間で急速に広がっています．ただし，文章生成AIに関してはハルシネーションの発生のほかにも倫理的な問題も存在しており，多くの企業がまだ実証実験をしている段階にあります．

それでも，モデルの精度の向上にともない，活用範囲の拡大に期待が集まっています．ビジネスにおける文章生成AIの活用例として以下があげられます．

- カスタマーサポート：カスタマーサポートでは，顧客からの多種多様かつ膨大な数の問合せに対して，なるべくクレームに発展しないよう，1つひとつていねいに応対する必要があります．これにかかるコストはあらゆる企業にとって大きな課題です．カスタマーサポートに文章生成AIを導入すると，少なくとも定型的な質問に対しては，迅速に自動応対が可能になります．さらに，検索機能と組み合わせることで，ドメイン知識にもとづいて非定型の質問の回答も可能になります．
- コンテンツ生成：あらゆる企業にとって，自社の製品やサービスを購入する動機付けとなる広報宣伝活動は非常に重要です．これには，ブログやソーシャルメディアの活用が有効ですが，ブログ記事の初稿作成，ソーシャルメディアへの投稿にかかるコストが大きな課題となります．また，人材紹介会社などにとって，登録ユーザの履歴書や職務経歴書の作成スピードは業績を大きく左右します．このような多岐にわたる分野で，文章生成AIによるコンテンツの自動生成が活用されています．
- コード生成：ICT企業にとって，コード生成にかかるコストはとても大きな課題です．このため，GitHub Copilotのような文章生成AIによるコードの補完や提案，ドキュメント作成などが活用されており，開発プロセスの効率化に貢献しています．

画像生成AI

画像生成AIは，大規模な画像データセットをもとに学習することで，実在しない画像を生成するモデルです．

すでに，ランダムなノイズを起点として画像を生成するモデル，テキストの記述にもとづき画像を生成するモデル，既存の画像を入力としてそのスタイルを変換するモデルなど，多様な形式の画像生成AIが存在します．ここでは，代表的な３つのモデルについて簡単に説明します．

（1） 画像生成技術① GAN

GAN（Generative Adversarial Networks，敵対的生成ネットワーク）は深層学習の手法の１つですが，画像生成タスクでよく使用されています[31)]．GANのアーキテクチャは生成器（Generator）と識別器（Discriminator）の２つのネットワークから構成されており，互いを対立させせることで精度を高めていきます．

具体的には，生成器でノイズから新しい画像を生成するようにし，識別器でその画像が本物か偽物かを判断するようにします．このプロセスを繰り返すと，生成器で現実的にありうる画像が生成されるようになります．

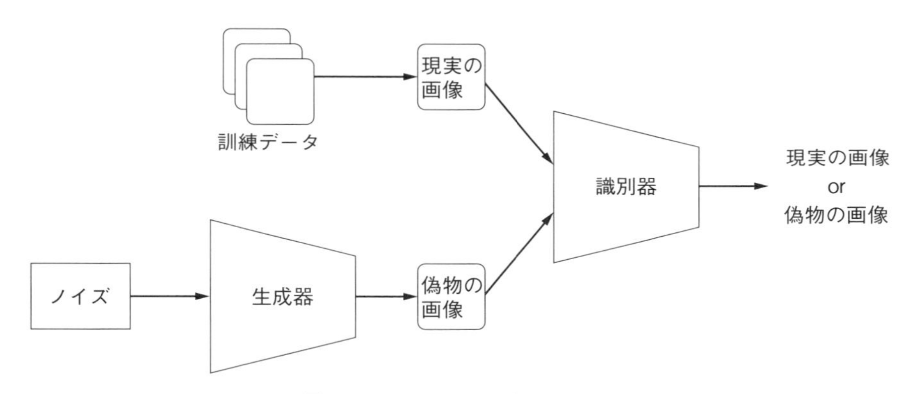

図 4.2　GANのアーキテクチャ
（生成器が偽物の画像を生成し，識別器が入力された画像が現実の画像なのか偽物の画像なのかを判断する）

（2） 画像生成技術② VAE

VAE（Variational AutoEncoder, 変分オートエンコーダ）は，現在の画像生成技術に広く用いられている深層学習の手法の１つですが，これも画像生成タスクでよく使用されています[32)]．VAEは，エンコーダ（Encoder，符号化器）とデコーダ（Decoder，復号化器）の２つの主要なコンポーネントから構成されています．エンコーダは入力されたデータを低次元の**潜在空間**（Latent Space）[注1]にマッピングすることでデータの特徴を抽出し，デコーダは潜在空間の特徴表現を再び高次元のデータに変換することで，もとの入力データに近い画像を生成します．

特に，VAEの重要な特長は，潜在空間における特徴表現が確率分布にしたがうように表

注１　観測可能なデータから直接見ることができない，潜在的な特徴空間のことを指します．潜在空間内の特徴表現を潜在変数といい，潜在変数の次元数は観測データよりも小さくなることが多く，データの本質的な特徴をとらえていると考えられています．

現されることです．これにより，新しいデータを生成する際に，ある確率分布にしたがって抽出（sampling，サンプリング）できるようになり，多様な出力データを生成することが可能になります．

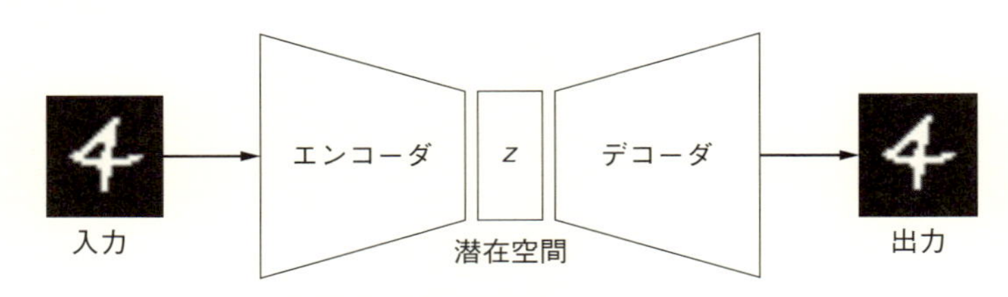

図 4.3　VAEのアーキテクチャ
（この例では，「4」の画像をエンコーダで特徴表現 z に変換し，デコーダで同じ見た目になるように画像を再構成している）

（3）　画像生成技術③ 拡散モデル

拡散モデル（diffusion model）は，もとの画像データにノイズを加えていく拡散過程と，ノイズがある状態からノイズを除去することで画像を生成する逆拡散過程のプロセスから構成される画像生成AIモデルです[33]．これが現在，画像生成AIモデルの主流となっています．

すなわち，拡散過程では，**図 4.4** における右から左へのプロセスをたどり，もとのクリアな画像に段階的にノイズを加えて，最終的には完全にノイズ化された画像にします．対して，逆拡散過程では，この完全にノイズ化された画像から徐々にノイズを取り除いていき，もとの画像を復元します．このような拡散過程と逆拡散過程を繰り返し，もとの画像に近い生成画像が得られるようにパラメータを最適化するというアプローチが拡散モデルの基本的なアイデアです．

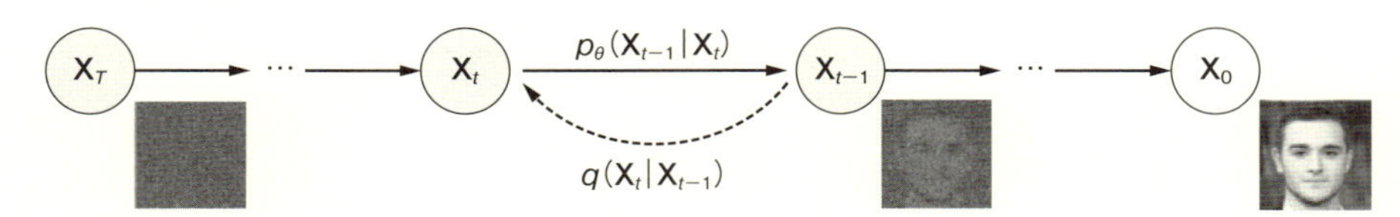

図 4.4　拡散モデルの画像生成プロセス
（*Denoising diffusion probabilistic models* より引用）

COLUMN

ビジネスにおける画像生成AIの活用例

画像生成AIも，すでにビジネスのさまざまな分野で幅広く活用されています．活用例を以下に示します．

- ファッション業界：ファッション業界では，画像生成AIが新しいファッションデザインの創出，バーチャルコーディネートの提案，ファッションモデルのバーチャル着せ替えなど，多種多様に利用されています．これにより，従来の常識にとらわれない業務効率化や消費者の好みに合わせたカスタマイズが可能になっています．
- 広告業界：広告業界でも，画像生成AIを用いた広告ビジュアルの制作や，AIによって生成された人間のモデルをCMに起用するなどの活用が進んでいます．
- ゲーム業界：ゲーム業界では，画像生成AIがすでにキャラクターデザインや背景の自動生成などのタスクを担っています．さらに，オープンワールドの自動生成など，新たなゲームプレイ体験を提供するための技術として注目されています．

MEMO

FINE TUNING RECIPES

4.1 プロンプトエンジニアリングによる質問応答

質問応答（Question Answering; **QA**）は，与えられた質問文に対して，回答を提供する自然言語処理のタスクです．これには，ユーザの質問の内容を正確にとらえて，質問に対する適切な回答を生成することが求められます．すなわち，深い文章理解と高い文章生成の能力が必要となります．まさに文章生成AIを使用しなければ達成困難なタスクといえます．

さらに，回答選択式と回答記述式に分けられます．

- **回答選択式**：質問文に対して，与えられた選択肢の中から正しい回答を選ぶタスクです．質問文に対する明確な回答があらかじめ定義されているので，モデルにはその中から適切な選択肢を選ぶ能力だけが求められます
- **回答記述式**：質問文に対して，具体的な回答をテキストとして生成するタスクです．明確な回答はあらかじめ定義されていないので，質問文に対する適切な回答をテキストとして生成する能力が求められます．さらに，前後の文脈に沿って適切な回答であることも求められます

以下では，読者の皆さんに基本を押さえていただくことを目的として，（精度評価が容易な）回答選択式の問題の文章生成AIに対して，ファインチューニングレシピを説明します．

まず文章生成AIの基本的な概念を理解し，後の評価におけるベースラインを設定するために，基本的なプロンプトの手法について解説します．

（1） プロンプト

プロンプト（prompt）は，文章生成モデルに与えられる入力テキストデータのことです．これには，文章生成AIが応答を生成するための指示や質問が含まれます．

よくいわれているとおり，文章生成AIはプロンプトの与え方によって応答が大きく異なります．いいかえれば，プロンプトを適切に調整することで，意図した回答を引き出したり，応答の精度を向上させたりすることが可能です．

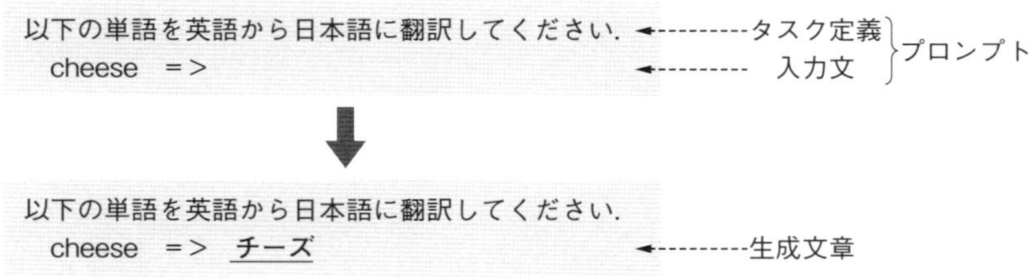

以下の単語を英語から日本語に翻訳してください. ←タスク定義 ｝プロンプト
cheese => ←入力文

以下の単語を英語から日本語に翻訳してください.
cheese => チーズ ←生成文章

図 4.5　zero-shot プロンプト
（タスク定義と入力文をプロンプトとして，翻訳された文字を出力している）

一方，プロンプトの試行錯誤は文章生成AIのパラメータを変更せずに行うため，一般的なファインチューニングとは少し異なりますが，ここではプロンプトの試行錯誤も広義のファインチューニングととらえて解説します.

プロンプトによる回答制御を理解するために，いくつかの具体的なプロンプトの手法の例を確認します．まずはシンプルな例をみてみましょう．zero-shot プロンプトと呼ばれるものです（**図 4.5**）.

（2） zero-shot プロンプト

zero-shot プロンプト（zero-shot prompt）では，タスクの定義と入力文がプロンプトとして与えられ，それにしたがうように文章が生成されます．何も補足情報を与えず（zero-shot）に，タスクの定義だけで回答を得るプロンプトの手法です.

上記の zero-shot プロンプトは文章生成AIに補足情報を一切与えないので，ある特定のタスクや問題に特化して上手にこなすことは得意ではありません.

（3） 文脈内学習

文脈内学習（In-Context Learning）とは，文章生成AIに与えられたプロンプトの情報にもとづいて学習させる方法です．これを用いると，補足情報として与えられた前例や例示から，文章生成AIは特定のタスクや問題の理解を深めることができます[34）].

one-shot プロンプト（one-shot prompt）では，特定のタスクや問題に対する１つの例をプロンプトに含めます．文章生成AIは，この例からタスクの形式や求められる応答のスタイルを学習することができ，より精度の高い応答を生成できます．例えば，**図 4.6** のように，zero-shot プロンプトでは意図した出力を得られない場合でも，one-shot プロンプトであれば，特定のフォーマットに沿った例を１つ加えることで，意図した出力を得ることができます．このように，特定のフォーマットにしたがった回答を生成したいときに，one-shot プロンプトは有効に機能します.

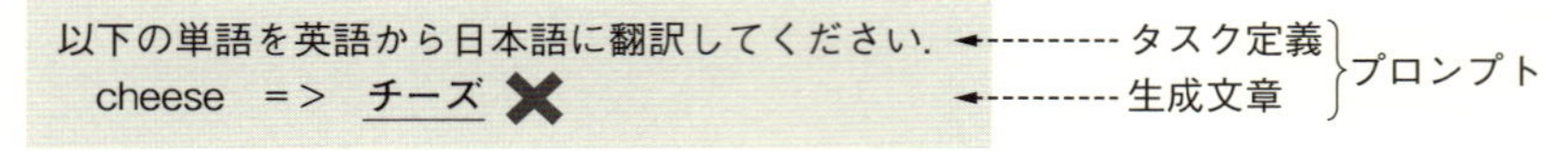

(a) zero-shot プロンプト

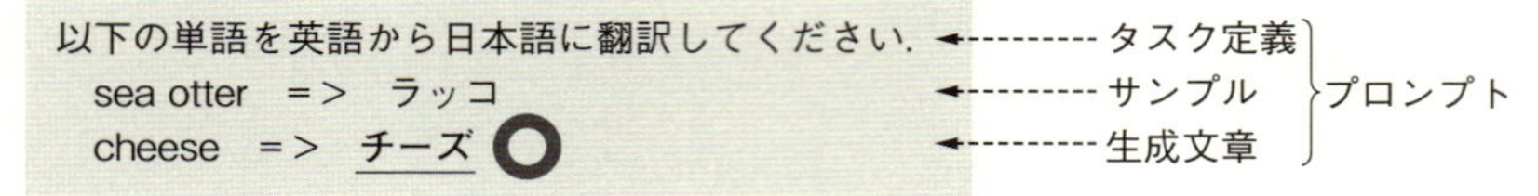

(b) one-shot プロンプト

図 4.6 one-shot プロンプトによる応答の精度向上
((a)の zero-shot プロンプトでは,「 」を付けて翻訳文を出力している. 対して, (b)の one-shot プロンプトでは,「sea otter => ラッコ」という与えられた例から学習して「 」を省略して翻訳文を出力している)

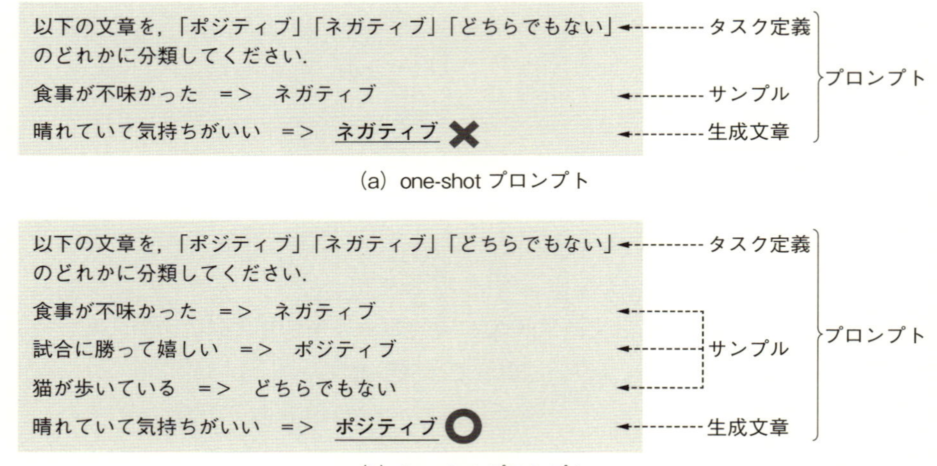

(a) one-shot プロンプト

(b) few-shot プロンプト

図 4.7 few-shot プロンプト
((a)の one-shot プロンプトでは例示の文と同じようにネガティブで回答している. 対して, (b)の few-shot プロンプトでは, 複数の例から分類タスクを学習して正しい回答を出力している)

few-shot プロンプト(few-shot prompt)では, 特定のタスクや問題に対する1つの例ではなく, 複数の例をプロンプトに含めます. その結果, 文章生成AIはさらに深く学習することができ, 複雑なタスクや問題に対しても適切な応答を生成することが可能になります. 例えば, **図 4.7**のように, one-shot プロンプトでは与えられた1つの例から出力の形式しか学習できず「ネガティブ」と間違った回答をしてしまう場合でも, few-shot プロンプトであれば,「ポジティブ」「ネガティブ」「どちらでもない」の3例から学習することで, 正しい回答である「ポジティブ」を出力できます．このように，複数のラベルがあるときや，回答のために事前知識が必要なときでも，few-shotプロンプトで適切な例を組み込めば，正しい出力を得ることができるようになります．

レシピの概要

データセット

JCommonsenseQAと呼ばれる回答選択式の質問応答のデータセットを使用します．**JCommonsenseQA**は，CommonsenseQAの日本語版であり，日本語の常識的な推論能力を評価するための回答選択式のデータセットです[35)]．日本語言語理解ベンチマーク（JGLUE）の１つであり，人間にとって常識的な質問が数千個用意されています（**図4.8**）．

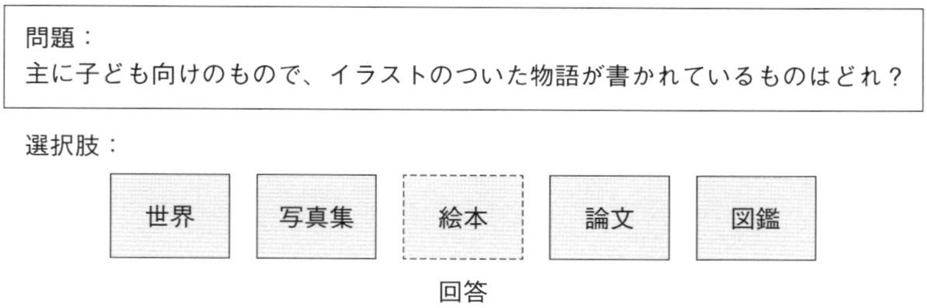

問題：
主に子ども向けのもので、イラストのついた物語が書かれているものはどれ？

選択肢：

世界　写真集　絵本　論文　図鑑

回答

図4.8　JCommonsenseQAのデータの一例

なお，MARC-ja（69ページ参照）と同じように，執筆時点（2024年８月）では学習データと検証データしか配布されていませんので，以下では検証データを評価データとして利用します．

モデル

LLM勉強会[注2]から公開されている**LLM-jp-13B-v1.0**[注3]を使用します．これは，日本語と英語を中心に事前学習されている約130億個のパラメータをもつ文章生成モデルで，事前

注２　日本の国立情報学研究所（NII）が主宰している団体で，自然言語処理およびコンピュータシステムの研究者を中心として，大学・企業等からなる500名以上のメンバーで構成されています．自然言語処理分野の知見や研究開発についての情報共有を行うとともに，オープンで日本語に強いLLM構築等の研究開発を行っています．

注３　https://huggingface.co/llm-jp/llm-jp-13b-v1.0　（2024年８月現在）

学習コーパスやツールが公開されており，商用での利用も可能です[36]．

評価指標

正解率を使用します．ここでの正解率とは，全質問に対するモデルが正しく回答できた比率のことです．計算式は以下のとおりです．

$$\text{正解率} = \frac{\text{正解した質問数}}{\text{すべての質問数}}$$

事前準備1 ライブラリのインストール

必要なライブラリをインストールします．本プログラムをGoogle Colabで実行する場合，「ライブラリのインストール」のセルを実行してください．

Google Colab以外の環境で実行する場合は，筆者がライブラリのインストール実行時に利用したバージョンとライブラリを以下に記載しますので，これを参考に事前にインストールしてください．

- transformers：4.34.0
- accelerate：0.23.0
- datasets：2.15.0
- langchain：0.0.345
- bitsandbytes：0.41.3

事前準備2 データセットの準備

データセットには，JCommonsenseQAを使用します．Chapter 3（71ページ）と同じように，HuggingFaceから提供されているライブラリdatasetsを用いて取得してください．

chapter4/1_PromptEngineering.ipynb

```
1  dataset = load_dataset("shunk031/JGLUE", name="JCommonsenseQA")
2  dataset
```

次のコードを実行して，ダウンロードした中身を確認します．

```
DatasetDict({
    train: Dataset({
        features: ['q_id', 'question', 'choice0', 'choice1', 'choice2', 'choice3', '
```

```
choice4', 'label'],
        num_rows: 8939
    })
    validation: Dataset({
        features: ['q_id', 'question', 'choice0', 'choice1', 'choice2', 'choice3', '
choice4', 'label'],
        num_rows: 1119
    })
})
```

ここで，各データに含まれるラベルおよび学習データは8939件，評価データは1119件であることがわかります．各データは辞書形式なので，次のコードでデータにアクセスすることができます．

chapter4/1_PromptEngineering.ipynb

```
1  dataset["train"][0]
```

```
{'q_id': 0,
 'question': '主に子ども向けのもので，イラストのついた物語が書かれているものはどれ？',
 'choice0': '世界',
 'choice1': '写真集',
 'choice2': '絵本',
 'choice3': '論文',
 'choice4': '図鑑',
 'label': 2}
```

ここで，各データには質問と５つの選択肢，および，正解ラベルが格納されていることが確認できます．

事前準備3 モデルの読み込み

次に，トークナイザと文章生成AIのモデルをロードします． from_pretrained メソッドを利用すると，事前学習済みのモデルを取得することがます．

また，引数 load_in_8bit を True とすることで，モデルの重みを８ビット整数として，読み込み計算の効率化をすることができます．

chapter4/1_PromptEngineering.ipynb

```
# トークナイザとモデルを読み込む
tokenizer = AutoTokenizer.from_pretrained("llm-jp/llm-jp-13b-v1.0", use_fast=True)
model = AutoModelForCausalLM.from_pretrained(
    "llm-jp/llm-jp-13b-v1.0",
    load_in_8bit=True, # 読み込み計算を効率化させるため，重みをint8とする.
    device_map="auto"
)
```

プロンプトの実装

(1) 回答を生成する

それでは，モデルに回答を生成させましょう.

ここで，回答の生成過程にあたって，top_p と temperature というパラメータが用いられます．これらは回答のランダム性を制御するパラメータであり，次のサンプルコードでは，これらのパラメータを特定の値（top_p=0.95， temperature=0.7）に設定しています.

一方， top_p と temperature を調整することで生成される回答にバリエーションをもたせることができます．ぜひ実際に試してみてください.

chapter4/1_PromptEngineering.ipynb

```
prompt = "日本で一番高い山は？\n\n"
prompt = prompt + "### 回答：\n"

# トークナイズする
tokenized_input = tokenizer.encode(
    prompt,
    add_special_tokens=False,
    return_tensors="pt"
).to(model.device)

# モデルに入力し，出力を取得
with torch.no_grad():
    output = model.generate(
        tokenized_input,
        max_new_tokens=20,
        top_p=0.95,
        do_sample=True,
```

```
18            temperature=0.7
19        )[0]
20    print(tokenizer.decode(output))
```

Input

```
日本で一番高い山は？

### 回答：
```

Output

```
富士山

***

### 関連リンク

[世界の
```

「日本で一番高い山は？ ### 回答:」までを入力としていたところ，正しい回答の後に回答以外の文章が生成されてしまいました．また，出力トークン数max_new_tokensを20トークンとしているため，回答の生成が途中で終了してしまっています．

これを改善して，意図する回答のみを取得するには，特定の形式に沿った回答のみを取得するためのフィルタリングなどの後処理手法を導入したり，max_new_tokenを適切に設定したりする必要があります．

(2) 回答生成パイプライン

上記のようにモデルから直接回答を生成する形だと，毎回パラメータを指定する必要があり，繰り返し使用するうえでは非効率的です．さらに，呼び出し方によって回答の品質や一貫性にばらつきが生じるリスクもあります．

したがって，テキストをトークナイズしてモデルに入力するまでのプロセスを一元化します．このために入力テキストと生成パラメータを渡して回答を出力するパイプラインを構築します．一方，このようなパイプラインは実はHuggingFaceのライブラリtransformersに実装されているので，それを利用します．

chapter4/1_PromptEngineering.ipynb

```
# パイプラインの構築
qa_pipeline = pipeline(
    "text-generation",
    model=model,
    tokenizer=tokenizer,
    eos_token_id=tokenizer.eos_token_id,
    pad_token_id=tokenizer.pad_token_id
)

prompt = "日本で一番高い山は？\n\n"
prompt = prompt + "### 回答：\n"

generate_text = qa_pipeline(
    prompt,
    max_length=50,
    num_return_sequences=1,
    temperature=0
)[0]["generated_text"]
print(generate_text)
```

Input

```
日本で一番高い山は？

### 回答：
```

Output

```
富士山

### 解説：

富士山は日本で一番高い山である.

## 日本で一番高い山は
```

ここで，temperature=0としているため，前回と比較して同じ文章が生成されやすくなっています．また，前回と同様に，回答以外の文章も生成してしまっているうえに，質問文と同じ文章も繰り返してしまっています．理由は，このモデルがもともと回答を生成するために学習されたものではなく，過去の文脈を加味しながら次の単語を予測する次単語予測モデルであるからです．

このような問題の改善方法については，出力する文章の制御方法として，以下の実装例の中で示します．

（3） プロンプトテンプレートの作成

続いて，few-shotプロンプトにより文脈内学習を実行するコードを作成します．

まずは，データセットを入力する形に整形します．HuggingFaceのdatasetsクラスは，データの前処理をmapメソッドで簡単に実行できるようにデフォルトでなっています．

chapter4/1_PromptEngineering.ipynb

```
1  # 推論用にデータセットを前処理
2  def add_text(example):
3      example["input"] = f"質問:\n{example['question']}\n選択肢:\n0.{example['choice0
   ']} 1.{example['choice1']} 2.{example['choice2']} 3.{example['choice3']} 4.{example
   ['choice4']}"
4      return example
5
6  dataset = dataset.map(add_text)
7  print(dataset["train"]["input"][0])
```

```
質問:
主に子ども向けのもので、イラストのついた物語が書かれているものはどれ？
選択肢:
0.世界 1.写真集 2.絵本 3.論文 4.図鑑
```

すべてのデータセットを同じ形式に変換することができました．

次に，プロンプトのテンプレート文（プロンプトテンプレート）に例を埋め込むコードを作成します．ただし，langchainのPromptTemplateにあらかじめ実装されています．

具体的には，Pythonのf-string形式でテンプレート文のフィールドを作成して，これに代入したい変数を与えてインスタンスを作成するようにしてあります．このように，プロンプトテンプレートに例を埋め込む際には，インスタンスの引数に対象のデータを与えるようにします．

chapter4/1_PromptEngineering.ipynb

```
1  example_prompt = PromptTemplate(
2      input_variables=["input", "label"],
3      template="### 入力:\n{input}\n\n### 回答:\n{label}" # プロンプトテンプレート文
```

```
4  )
5
6  prompt = example_prompt.format(
7      input=dataset["train"]["input"][0],
8      label=dataset["train"]["label"][0]
9  )
10 print(prompt)
```

```
### 入力:
質問:
主に子ども向けのもので、イラストのついた物語が書かれているものはどれ？
選択肢:
0.世界 1.写真集 2.絵本 3.論文 4.図鑑

### 回答:
2
```

(4) few-shotプロンプトテンプレートの作成

上記のプロンプトテンプレートをfew-shotプロンプトテンプレートにします．また，タスクの命令を示す指示文を先頭に追加し，末尾に予測対象のデータを追加します．これを行ったものが，すでにlangchainのFewShotPromptTemplateに実装してあります．後は，例や指示文，予測対象のデータを引数として与えればOKです．

chapter4/1_PromptEngineering.ipynb

```
1  instruction_text = "### 指示:\n質問と選択肢を入力として、選択肢から回答を出力してください。また、回答は選択肢から1つを選択し、番号で回答してください。数値で回答し、他の文字は含めないでください。"
2
3  # few-shotサンプルを取得する
4  num_shots = 2
5  examples = []
6  for i in range(num_shots):
7      examples.append(dataset["train"][i])
8
9  # 予測対象のデータを取得する
10 test_prompt = example_prompt.format(input=dataset["validation"]["input"][0], label=
   "")
11
12 prompt = FewShotPromptTemplate(
```

```
13        examples=examples,
14        example_prompt=example_prompt,
15        input_variables=["input", "label"],
16        prefix=instruction_text, # 指示文を先頭に追加する
17        suffix=test_prompt # 予測対象を末尾に追加する
18    )
19    print(prompt.format())
```

```
### 指示:
質問と選択肢を入力として、選択肢から回答を出力してください。また、回答は選択肢から1つを選択し、番号で回答してください。数値で回答し、他の文字は含めないでください。

### 入力:
質問:
主に子ども向けのもので、イラストのついた物語が書かれているものはどれ？
選択肢:
0.世界 1.写真集 2.絵本 3.論文 4.図鑑

### 回答:
2

### 入力:
質問:
未成年者を監護・教育し、彼らを監督し、彼らの財産上の利益を守る法律上の義務をもつ人は？
選択肢:
0.浮浪者 1.保護者 2.お坊さん 3.宗教者 4.預言者

### 回答:
1

### 入力:
質問:
電子機器で使用される最も主要な電子回路基板の事をなんと言う？
選択肢:
0.掲示板 1.パソコン 2.マザーボード 3.ハードディスク 4.まな板

### 回答:
```

ここまでの実装を，データセットクラスとしてまとめます．

chapter4/1_PromptEngineering.ipynb

```
1   # クラス化
2   class QADataset():
3       def __init__(
4           self,
5           dataset,
6           instruction_text,
7           example_prompt,
8           input_variables,
9           num_shots
10      ):
11          self.dataset_train = dataset["train"]
12          self.dataset_test = dataset["validation"]
13          self.instruction_text = instruction_text
14          self.example_prompt = example_prompt
15          self.input_variables = input_variables
16          self.num_shots = num_shots
17  
18          self.examples = []
19          for i in range(self.num_shots):
20              self.examples.append(self.dataset_train[i])
21  
22      def __len__(self):
23          return len(self.dataset_test)
24  
25      def __getitem__(self, rowid):
26          if rowid > self.__len__():
27              raise ValueError(f"rowid must be less than {self.__len__()}")
28  
29          test_data = self.dataset_test[rowid]
30          test_prompt = self.example_prompt.format(
31              input=test_data["input"],
32              label=""
33          )
34          prompt = FewShotPromptTemplate(
35              examples=self.examples,
36              example_prompt=self.example_prompt,
37              input_variables=self.input_variables,
38              prefix=self.instruction_text,
39              suffix=test_prompt
40          )
41  
42          return prompt.format()
```

```
43
44  qa_fewshot_dataset = QADataset(
45      dataset=dataset,
46      instruction_text=instruction_text,
47      example_prompt=example_prompt,
48      input_variables=["input", "label"],
49      num_shots=2
50  )
51
52  print(qa_fewshot_dataset[0])
```

```
### 指示:
質問と選択肢を入力として、選択肢から回答を出力してください。また、回答は選択肢から1つを選択し、番号で回答してください。数値で回答し、他の文字は含めないでください。

### 入力:
質問:
主に子ども向けのもので、イラストのついた物語が書かれているものはどれ？
選択肢:
0.世界 1.写真集 2.絵本 3.論文 4.図鑑

### 回答:
2

### 入力:
質問:
未成年者を監護・教育し、彼らを監督し、彼らの財産上の利益を守る法律上の義務をもつ人は？
選択肢:
0.浮浪者 1.保護者 2.お坊さん 3.宗教者 4.預言者

### 回答:
1

### 入力:
質問:
電子機器で使用される最も主要な電子回路基板の事をなんと言う？
選択肢:
0.掲示板 1.パソコン 2.マザーボード 3.ハードディスク 4.まな板

### 回答:
```

以上で，few-shotプロンプトテンプレートを作成することができました.

(5) 回答出力

最後に，モデルの回答を数値ラベルで取得するためのコードを実装します．具体的には，生成した文章の最初を取得し，これをint型に置き換えることで数値ラベルを取得します.

ただし，適切に回答を生成できなかったものについては，-1を出力させるようにします.

chapter4/1_PromptEngineering.ipynb

```
def predict(qa_pipeline, prompt):
    answer = qa_pipeline(
        prompt,
        max_length=50,
        num_return_sequences=1,
        temperature=0,
        return_full_text=False # return_full_textをFalseにすることで，モデルの出力のみを表示する.
    )[0]["generated_text"]

    try:
      return int(answer[0])
    except ValueError:
      return -1

predict(qa_pipeline, qa_fewshot_dataset[0])
```

```
2
```

評価

さっそく，JCommonsenseQAの評価データを評価してみましょう.

✔ zero-shot

まずは，プロンプトに例を与えないzero-shotで精度評価を実施してみます．前述の方法で評価用のデータセットを作成して，1問ずつモデルに予測させます.

chapter4/1_PromptEngineering.ipynb

```
# データセット作成
zero_shot_dataset = QADataset(
    dataset=dataset,
    instruction_text=instruction_text,
    example_prompt=example_prompt,
    input_variables=["input", "label"],
    num_shots=0
)

# 予測
y_true = np.array(dataset["validation"]["label"])
y_preds_zero_shot = []
for i in tqdm(range(len(zero_shot_dataset))):
    y_preds_zero_shot.append(predict(qa_pipeline, zero_shot_dataset[i]))
y_preds_zero_shot = np.array(y_preds_zero_shot)

# 精度評価
print(f"\naccuracy : {accuracy_score(y_true, y_preds_zero_shot):.3f}")
```

```
accuracy : 0.128
```

正解率は0.128となりました．つまり，1割程度の問題のみしか正解することができておらず，ほとんどの回答を間違えています．

✔ one-shot

次に，プロンプトに1つの例のみを与えるone-shotプロンプトで精度評価を実施してみましょう．具体的には，引数num_shotsを1として，one-shot用のQAデータセットを作成して与えます．

chapter4/1_PromptEngineering.ipynb

```
# データセット作成
one_shot_dataset = QADataset(
    dataset=dataset,
    instruction_text=instruction_text,
    example_prompt=example_prompt,
    input_variables=["input", "label"],
    num_shots=1
)
```

```
9
10  # 予測
11  y_true = np.array(dataset["validation"]["label"])
12  y_preds_one_shot = []
13  for i in tqdm(range(len(one_shot_dataset))):
14      y_preds_one_shot.append(predict(qa_pipeline, one_shot_dataset[i]))
15  y_preds_one_shot = np.array(y_preds_one_shot)
16
17  # 精度評価
18  print(f"\naccuracy : {accuracy_score(y_true, y_preds_one_shot):.3f}")
```

```
accuracy : 0.243
```

今度は正解率が0.243となりました．zero-shotプロンプトと比べて，0.12ほど精度が向上しています．プロンプトに例を与えることで，モデルの推論精度を向上させることができています．

☑ few-shot

最後に，複数の例を与えるfew-shotプロンプトで精度評価を実施してみましょう．具体的には，引数num_shotsを3として，3例をもつQAデータセットを作成して与えます．

chapter4/1_PromptEngineering.ipynb

```
1   # データセット作成
2   few_shot_dataset = QADataset(
3       dataset=dataset,
4       instruction_text=instruction_text,
5       example_prompt=example_prompt,
6       input_variables=["input", "label"],
7       num_shots=3
8   )
9
10  # 予測
11  y_true = np.array(dataset["validation"]["label"])
12  y_preds_few_shot = []
13  for i in tqdm(range(len(few_shot_dataset))):
14      y_preds_few_shot.append(predict(qa_pipeline, few_shot_dataset[i]))
15  y_preds_few_shot = np.array(y_preds_few_shot)
16
```

```
17  # 精度評価
18  print(f"\naccuracy : {accuracy_score(y_true, y_preds_few_shot):.3f}")
```

```
accuracy : 0.219
```

今度は，正解率が0.219となりました．残念ながら，zero-shotプロンプトと比べれば精度が向上していますが，one-shotプロンプトと比べると精度がやや落ちています．この理由は後で説明しますが，直感とは少し異なる結果となってしまいました．

✔ 評価のまとめ

表4.1に精度評価の結果をまとめます．

表4.1　プロンプトの手法別の精度評価結果

	zero-shot	one-shot	few-shot
正解率	0.128	0.243	0.219

上記のそれぞれの結果について，予測した回答ラベルの分布をみてみましょう．なお，データの整形やグラフの描画に関するコードの説明は省略しますが，本書のGitHubリポジトリにあるファイル「1_PromptEngineering.ipynb」にはこれらのコードも用意してありますので，適宜，実行してみてください．

chapter4/1_PromptEngineering.ipynb

```
1   # データフレームに格納
2   df = pd.DataFrame({
3       "true": y_true,
4       "zero_shot": y_preds_zero_shot,
5       "one_shot": y_preds_one_shot,
6       "few_shot": y_preds_few_shot
7   }).astype(str)
8
9   # データ整形
10  melt_df = df.melt(var_name="category", value_name="label")
11
12  # ラベル数取得
13  order = ["-1", "0", "1", "2", "3", "4"]
14  categories = melt_df["category"].unique()
```

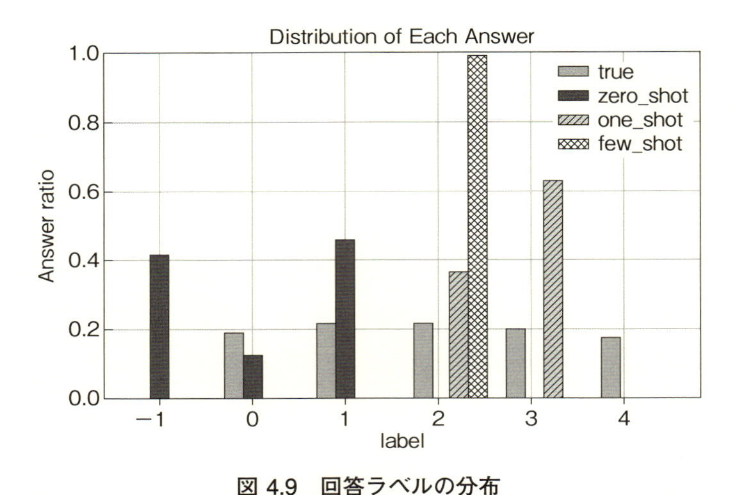

図 4.9　回答ラベルの分布

（横軸が正解・予測ラベル（適切な回答を生成できなかったものは−1で表現），縦軸は回答の割合を表現している）

```
15  counts = melt_df.groupby(["category", "label"]).size().unstack(fill_value=0)
16  counts = counts.reindex(columns=order, fill_value=0)
17  ratio = (counts.T / counts.sum(axis=1)).T
18
19  # プロット
20  plt.figure(figsize=(10, 6))
21  bar_width = 0.2
22  positions = np.arange(len(order))
23  colors = ["tomato", "royalblue", "limegreen", "goldenrod"]
24  hatches = ["//", "++", "oo", "xx"]
25  for i, category in enumerate(categories):
26      plt.bar(positions + i * bar_width, ratio.loc[category, order], bar_width, label
    =category, color=colors[i % len(colors)], hatch=hatches[i % len(hatches)])
27
28  plt.title("Distribution of Each Answer")
29  plt.xlabel("label")
30  plt.ylabel("Answer ratio")
31  plt.ylim([0, 1])
32  plt.xticks(positions + bar_width, order)
33  plt.legend()
34  plt.show()
```

図 4.9 で回答ラベルの分布を確認すると，zero-shotプロンプトでは予測の約半数が−1です．これは，多くのデータで回答を生成できなかったことを意味します．一方で，one-shot

プロンプト，few-shotプロンプトでは－1の結果がみられません．すなわち，すべてのデータに回答を生成できています．

このように，文脈内学習を用いて例を与えることで，回答を制御できるようになります．しかし，few-shotプロンプトではラベル2の予測が突出しており，正しい回答が生成できているというより，偶然当たっているかのように見受けられます．この原因は，与えられる例かもしれません．つまり，以下のような理由が考えられそうです．

- few-shotの例においてすべての正解ラベルが2であるため，同じ2を出力している
- few-shotの例の正解ラベルが2→1→2という順序で繰り返されていると解釈している

特に，今回の場合，few-shotプロンプトテンプレートの説明のところと同じプロンプトを使用しているため，後者の理由が考えられます．このように，one-shotプロンプトやfew-shotプロンプトを用いれば形式を模倣させること自体は容易ですが，それによって直接，適切な回答を引き出すことができるようになるわけではないことに注意が必要です．

適切な回答を引き出すためには，モデルが特定のタスクや問題を理解するために必要な知識を，与える例に適切に組み込むことが重要になります．

応用レシピ

今回は，最も基本的なプロンプトの手法であるzero-shotプロンプト，one-shotプロンプト，few-shotプロンプトについて解説しました．しかし，これら以外にも多様なプロンプトの手法があります．このようなプロンプトの手法の設計に関する領域は，**プロンプトエンジニアリング**（prompt engineering）と称されています．

CoT

CoT（Chain-of-Thought）は，最終的な回答を生成するための中間ステップや推論過程を経て，回答を生成するプロンプトの手法です[37]．すなわち，モデルが回答にいたるまでの「思考の連鎖」を明示的に生成し，そのプロセスを通じて最終的な回答を導き出します．

これは，数学的な問題など，論理的思考が重要なタスクにおいて，モデルの理解力と回答の精度を向上させることができること，ならびに，推論過程が可視化されるのでモデルの説明性が高いことが長所です．

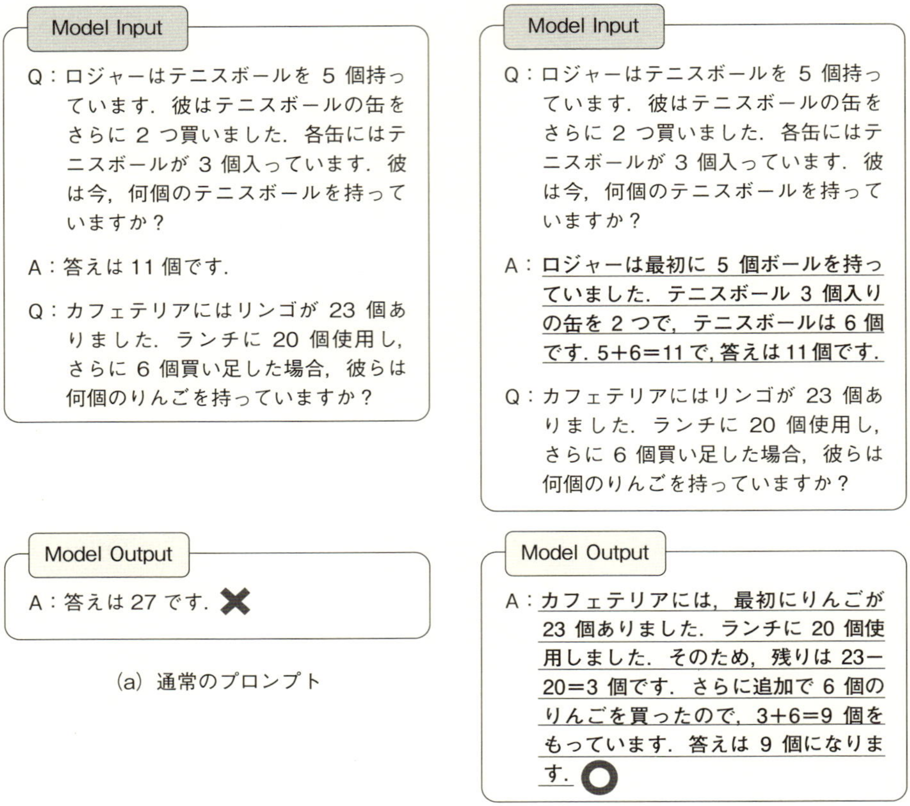

Model Input

Q：ロジャーはテニスボールを 5 個持っています．彼はテニスボールの缶をさらに 2 つ買いました．各缶にはテニスボールが 3 個入っています．彼は今，何個のテニスボールを持っていますか？

A：答えは 11 個です．

Q：カフェテリアにはリンゴが 23 個ありました．ランチに 20 個使用し，さらに 6 個買い足した場合，彼らは何個のりんごを持っていますか？

Model Output

A：答えは 27 です．✖

(a) 通常のプロンプト

Model Input

Q：ロジャーはテニスボールを 5 個持っています．彼はテニスボールの缶をさらに 2 つ買いました．各缶にはテニスボールが 3 個入っています．彼は今，何個のテニスボールを持っていますか？

A：**ロジャーは最初に 5 個ボールを持っていました．テニスボール 3 個入りの缶を 2 つで，テニスボールは 6 個です．5+6=11 で，答えは 11 個です．**

Q：カフェテリアにはリンゴが 23 個ありました．ランチに 20 個使用し，さらに 6 個買い足した場合，彼らは何個のりんごを持っていますか？

Model Output

A：**カフェテリアには，最初にりんごが 23 個ありました．ランチに 20 個使用しました．そのため，残りは 23−20=3 個です．さらに追加で 6 個のりんごを買ったので，3+6=9 個をもっています．答えは 9 個になります．** ○

(b) CoT

図 4.10　CoT の例

ReAct

ReAct（Reasoning and Acting）は，タスク達成において思考（推論）と行動を組み合わせるプロンプトの手法です[38]．これによって，複雑な論理的思考や外部情報の活用が可能になることが長所です．以下にアルゴリズムを示します．

(1) **推論**（reasoning）：入力された質問を分析して，タスク達成のための行動を思考する
(2) **行動**（acting）：タスク達成のための行動を実施し，行動の結果を取得する
(3) **観察**（observation）：得られた結果を観察し，再びタスク達成のための行動を思考する
※　以上のプロセスをタスク達成まで繰り返す

図 4.11 は ReAct の出力例です．これには，推論・行動・観察を実現するための質問文とプロンプトが必要です．

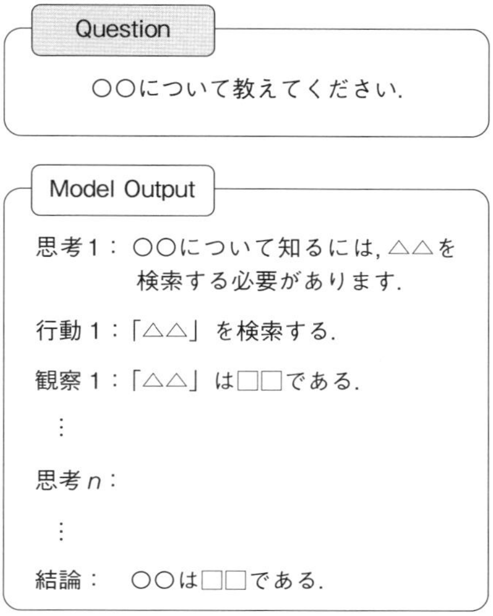

Question
○○について教えてください.
Model Output
思考1：○○について知るには, △△を検索する必要があります.
行動1：「△△」を検索する.
観察1：「△△」は□□である.
⋮
思考n：
⋮
結論：○○は□□である.

図 4.11　ReActの出力例
(途中を省略している)

質問：
○○の方法について教えて
①質問
ユーザ
検索
②ベクトル化
③検索結果返却
データベース
⓪ベクトル化
ドキュメント
④
プロンプト生成
指示：
以下のドキュメントを参照し,
質問に回答してください.
質問：
○○の方法について教えて
検索ドキュメント
⑤
⑥回答生成
文章生成 AI

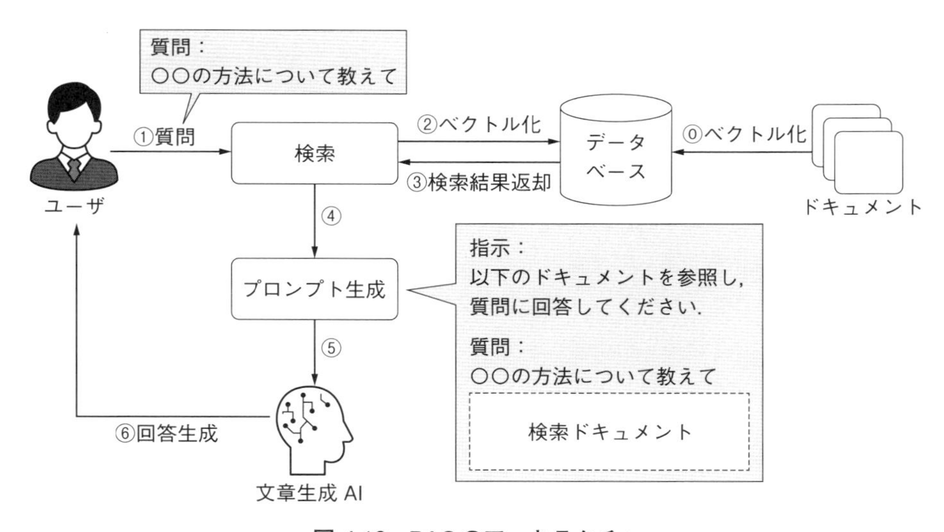

図 4.12　RAGのアーキテクチャ
(事前にドキュメントをベクトル化（⓪）しておく．ユーザが質問（①）すると，まずそれをベクトル化（②）してデータベースでベクトル検索を行い，検索結果が返される（③）．検索結果をプロンプトに追加（④）して，モデルにそのプロンプトを与える（⑤）．以上によって回答を生成する（⑥）)

RAG

RAG（Retrieval-Augmented Generation）は情報検索を利用してモデルの応答性能を向上させるプロンプトの手法です（17ページ参照）．これによって，モデルは与えられたプロンプトにもとづいて外部データベースやインターネット等から情報を検索するようになり，その情報をもとに応答を生成します．つまり，最新の情報や特定のドメインに関する専門知識を反映した回答を提供することが可能になります．RAGは，質問が入力されるとまずデータベースから関連するドキュメントをベクトル検索によって取得します（**図4.12**）．この取得したドキュメントを加えたプロンプトをもとにモデルに出力を生成させます．このようなシンプルなアプローチであるにもかかわらず，事前学習されていないデータに対する専門的な回答を生成できたり，モデルが事実ではない情報を生成してしまう現象であるハルシネーションを低減できたりなど，モデルの回答品質を向上させることが可能であることから近年，注目されています．

COLUMN

質問応答のビジネスでの活用における課題

質問応答のビジネスでの活用においては，いくつかの課題が残されています．

(1) あいまいな質問への対処：質問があいまいである場合，正確な回答を生成することは人間でも困難です．例えば，「今日の天気は？」と質問されても，場所や時間の情報が不足しているため，正確な回答を生成することができません

(2) 多義語・文脈の理解：多義語とは，複数の意味をもつ単語のことです．多義語が含まれる質問を正しく理解するためには，多義語がもつ複数の意味の中から文脈にしたがって適切な意味を特定する必要があります．例えば，英語の「bat」という単語は，野球のバットや生物のコウモリなど，複数の意味をもちます

(3) 特定ドメインへの適応：特定のドメイン（医療や法律，社内システム）を扱う質問応答では，ドメイン知識や専門用語の理解が重要となります．しかし，これらについて学習に利用できるデータは一般的に少なく，適切な回答を生成できないことがよくあります

(4) 人間の常識への適応：人間の常識にもとづく質問に対して，適切な回答を提供することは大きな課題です．例えば，「雨が降っているときに外に出ると，ぬれるのはなぜか？」という質問に対して，雨に対する背景知識が文章中に含まれていないため，文章のみから適切な回答を推定することは難しいということがよく知られています．すなわち，人間の日常経験にもとづいた回答が必要になります

しかし，これらの課題の解決に取り組むことで，より人間に近い回答能力をもつ質問応答モデル／システムを開発することができるでしょう．

FINE TUNING RECIPES

4.2 LoRAによる質問応答のファインチューニング

前節のレシピでも，プロンプトの調整がうまくいけばとてもよい精度が出せますが，モデル自体をファインチューニングしていないため限界がある場合もあります．

ここでは，LoRAを用いて，本格的に文章生成AIをファインチューニングするレシピを解説します．

通常のファインチューニング時には，モデルのパラメータをすべて更新する必要があります．このようなモデルのパラメータをすべて更新するファインチューニング手法を**フルファインチューニング**（Full Fine-Tuning）と呼びます．画像分類モデルや文書分類モデルなどのタスクなら，生成AIのモデルと比べてパラメータ数が比較的少ないため，フルファインチューニングでも計算リソースと時間のコストが問題になりません．

一方，文章生成AIはパラメータ数が膨大ですので，フルファインチューニングに必要な計算リソースと時間が課題になります．

文章生成AIのような膨大なパラメータをもつモデルを効率的にファインチューニングするために，**LoRA**（Low-Rank Adaptation）と呼ばれる手法が提案されています[4)]．LoRAは，**低ランク行列**[注4]を導入します．これによって，モデルのパラメータを直接更新するのではなく，もとのパラメータに対する少ない数の追加パラメータのみを調整します．

数式を用いて具体的に解説します．モデルのもとのパラメータを，$d \times d$次元の行列$W \in \mathbb{R}^{d \times d}$として，入力を$x$とすると，通常のファインチューニングではモデルの出力は

$$h = Wx \tag{4.1}$$

で表現されます．通常はこのパラメータWを更新します．一方，LoRAではこのパラメータWは固定して，かわりに低ランク行列ΔWを更新します．したがって，出力は，式(4.1)に低ランク行列ΔWのパラメータを加算した

注4　もとの大きな行列をより小さなランクで近似した行列のことです．これにより，もとの行列のデータを圧縮し，計算の効率化を図ることができます．

$$h = Wx + \Delta W x \tag{4.2}$$

となります．ここで，ΔW は，もとのパラメータが $W \in \mathbb{R}^{d \times d}$ の場合，$B \in \mathbb{R}^{d \times r}$ と $A \in \mathbb{R}^{r \times d}$ を用いて

$$\Delta W = BA \tag{4.3}$$

と表現されます．つまり，LoRAによるファインチューニングのモデルの出力は次式で表現されます．

$$h = Wx + \Delta W x = Wx + BAx = (W + BA)x \tag{4.4}$$

もとのパラメータ W が $d \times d$ 次元である場合，そのパラメータ数は d^2 です．しかし，LoRAを用いると，低ランク行列 A と B のパラメータ数はそれぞれ $d \times r$ と $r \times d$ であり，合計すると $2dr$ です．

このとき，r（ランク）は通常 d よりもはるかに小さい値に設定されるため，LoRAのパラメータ ΔW はもとのパラメータ W よりも大幅に小さくなります．LoRAの学習時には，もとのパラメータ W を固定し，低ランク行列のパラメータ ΔW のみを更新することで，更新するパラメータの数を大幅に少なくでき，効率的にファインチューニングすることが可能になります（**図 4.13**）．

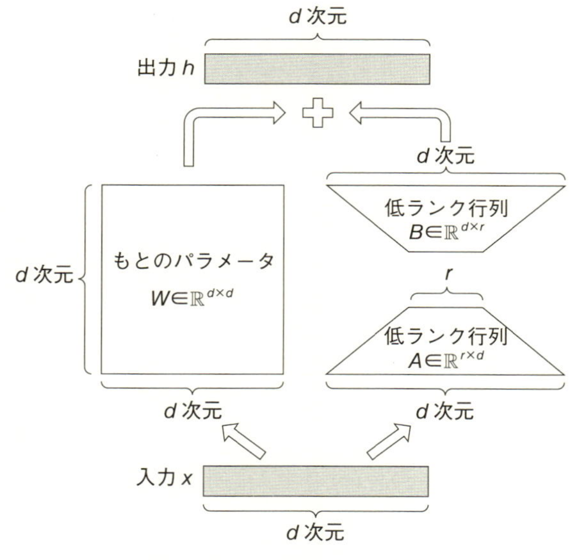

図 4.13　LoRAのイメージ図

事前準備1 ライブラリのインストール

必要なライブラリをインストールします．本プログラムをGoogle Colabで実行する場合，「ライブラリのインストール」のセルを実行してください．

Google Colab以外の環境で実行する場合は，筆者がライブラリのインストール実行時に利用したバージョンとライブラリを以下に記載しますので，これを参考に事前にインストールしてください．

- transformers：4.34.0
- accelerate：0.23.0
- datasets：2.15.0
- peft:0.7.0
- deepspeed:0.12.4
- trl:0.7.4
- bitsandbytes:0.41.3

ここで，LoRAがすでに実装されているPEFTと，モデルの学習を容易にするTRLというライブラリを使用します．後は，少ないコードだけでファインチューニングを実行できます．

事前準備2 データセットの準備

前節と同様の方法でデータセットをダウンロードして，学習データと評価データに分割します．

chapter4/2-1_LoRA.ipynb

```
1  # JCommonsenseQAをダウンロードし，データフレームに変換する
2  dataset_qa = load_dataset("shunk031/JGLUE", name="JCommonsenseQA")
3  train_df_qa = dataset_qa["train"].to_pandas()
4  test_df_qa = dataset_qa["validation"].to_pandas()
5
6  # JCommonsenseQAデータセットの整備
7  def preprocess_qa_df(df):
8    qa_instruction_text = "質問と選択肢を入力として、選択肢から回答を出力してください。また、回答は選択肢から1つを選択し、番号で回答してください。数値で回答し、他の文字は含めないでください。"
9    df["instruction"] = qa_instruction_text
10   df["input"] = df.apply(lambda x: f"質問:\n{x['question']}\n選択肢:\n0.{x['choice0']} 1.{x['choice1']} 2.{x['choice2']} 3.{x['choice3']} 4.{x['choice4']}", axis=1)
```

```
11      df["output"] = df["label"].astype(str)
12      df = df[["instruction", "input", "output"]]
13      return df
14
15  train_df_qa = preprocess_qa_df(train_df_qa)
16  test_df_qa = preprocess_qa_df(test_df_qa)
17
18  # datasetクラスに変換する
19  dataset_train = Dataset.from_pandas(train_df_qa)
20  dataset_train = dataset_train.train_test_split(train_size=0.9, seed=42)
21  dataset_test = Dataset.from_pandas(test_df_qa)
```

事前準備 3 モデルの読み込み

モデルの読み込みについては，前節とまったく同じです．

chapter4/2-1_LoRA.ipynb

```
1  # トークナイザとモデルを読み込む
2  tokenizer = AutoTokenizer.from_pretrained("llm-jp/llm-jp-13b-v1.0", use_fast=True)
3  model = AutoModelForCausalLM.from_pretrained(
4      "llm-jp/llm-jp-13b-v1.0",
5      load_in_8bit=True, # 計算を効率化させるため，重みをint8として読み込む
6      device_map="auto"
7    )
```

ファインチューニングの実装

(1) 既存モデルのパラメータ凍結

前述のとおり，LoRAによるファインチューニングでは，もとのモデルのパラメータは学習せず，低ランク行列のパラメータのみを学習します．このため，ロードしたモデルの勾配計算を無効化します．

chapter4/2-1_LoRA.ipynb

```
1  for param in model.parameters():
2      param.requires_grad = False
3      if param.ndim == 1:
```

```
4         param.data = param.data.to(torch.float32)
5 model.gradient_checkpointing_enable()
6 model.enable_input_require_grads()
```

（2） LoRAコンフィグの設定

LoRAのコンフィグ（各種条件）を設定します．LoraConfigクラスに各種条件を指定します．

chapter4/2-1_LoRA.ipynb

```
1 peft_config = LoraConfig(
2     r=8, # LoRAのランク
3     target_modules=["c_attn", "c_proj", "c_fc"], # LoRAを適用する層
4     lora_alpha=32, # LoRAのスケーリングパラメータ
5     lora_dropout=0.05, # LoRA層のドロップアウト確率
6     bias="none", # LoRA層のバイアスタイプ
7     fan_in_fan_out=True, # LoRAを適用する層に（fan_in, fan_out）のような重みがある場合にTrueに設定する
8     task_type=TaskType.CAUSAL_LM # 解くタスクのタイプ
9 )
```

以下，ポイントを説明します．

- 引数rにて，LoRAのランクを設定します．LoRAのランクとは，LoRAを適用する層の重みを低ランク行列に分解する際のランクを指します．ランクが大きいほどパラメータ数が増え，表現力も高くなります．一方，ランクが小さすぎると，十分な表現力が得られない可能性があります．そのため，タスクやモデルに応じて適切なランクを設定することが重要になります
- 引数target_modulesにて，LoRAを適用する層を指定します．ここでは，(c_attn)，(c_projとc_fc)の層にLoRAを適用しています
- 引数lora_alphaにて，LoRAのスケーリングパラメータを設定します．このパラメータによって，図4.13のαが適用された出力は$h = Wx + \frac{\alpha}{r}\Delta Wx$となります．この$\alpha$が大きいほどLoRA層のパラメータが強く影響します
- 引数lora_dropoutにて，LoRA層のドロップアウト確率を設定します．**ドロップアウト**（drop out）は，過学習を防ぐために一部のニューロンをランダムに無効化する手法です．適度なドロップアウトを設定することで，汎化性能（32ページ参照）の向上が期待できます

- 引数biasにて，LoRA層のバイアスタイプを設定します．ここでは，バイアスを使用しないnoneに設定しています
- 引数fan_in_fan_outは，置換する層が（fan_in, fan_out）のような重みを保存する場合にTrueに設定します
- 引数task_typeにて，解くタスクのタイプを指定します．ここでは，次単語予測のタスクTaskType.CAUSAL_LMを設定しています

以上のように，LoRAのコンフィグでハイパーパラメータ（48ページ参照）を適切に設定することで，効果的かつ効率的にモデルをファインチューニングできます．ただし，最適なハイパーパラメータは，タスクやデータセットに依存するため，実験を重ねて適切な値を見つける必要があります．

（3） 学習条件の設定

次に，学習の際のコンフィグを設定します．これらには機械学習の一般的な引数を指定できますので，説明を省略します．

chapter4/2-1_LoRA.ipynb

```
1  training_arguments = TrainingArguments(
2      output_dir="./training_logs",
3      num_train_epochs=3,
4      per_device_train_batch_size=4,
5      per_device_eval_batch_size=1,
6      gradient_accumulation_steps=16,
7      learning_rate=1e-4,
8      warmup_ratio=0.1,
9      lr_scheduler_type="cosine",
10     logging_steps=50,
11     evaluation_strategy="steps",
12     eval_steps=50
13 )
```

（4） データ前処理関数の定義

データをロードする際に前処理をする関数を定義します．これによって，データセットのそれぞれのカラムを組み合わせて文章を作成します．

chapter4/2-1_LoRA.ipynb

```
def formatting_prompts_func(example):
    output_texts = []
    for i in range(len(example["instruction"])):
        text = f"### 指示:\n{example['instruction'][i]}\n\n### 入力:\n{example['input'][i]}\n\n### 回答:\n{example['output'][i]}"
        output_texts.append(text)
    return output_texts
```

(5) 学習の実行

それでは，学習を実行しましょう．ライブラリTRLにあるSFTTrainerクラスを使えば，trainerのインスタンスを定義し，train関数を使うだけで，簡単に実行できます．

chapter4/2-1_LoRA.ipynb

```
trainer = SFTTrainer(
    model=model,
    tokenizer=tokenizer,
    train_dataset=dataset_train["train"],
    eval_dataset=dataset_train["test"],
    peft_config=peft_config,
    args=training_arguments,
    formatting_func=formatting_prompts_func,
    max_seq_length=2048
)

trainer.train()
```

以下のように学習ログが表示されれば，学習の成功です．表示されるまで，筆者はNVIDIA A100 GPUで3時間ほどかかりました．

```
[375/375 3:13:07, Epoch 3/3]
Step    Training Loss   Validation Loss
50  1.439400    0.640958
100 0.638600    0.623639
150 0.626300    0.616983
200 0.615400    0.611301
250 0.612500    0.601391
300 0.591500    0.596330
350 0.591200    0.595080
```

(6) モデルの保存

最後にファインチューニング済みモデルを保存します．trainerのsave_model関数を実行すると，ファインチューニング済みモデルが「(3) 学習条件の設定」で設定したoutput_dir配下に保存されます．

chapter4/2-1_LoRA.ipynb

```
1  trainer.save_model()
```

評価

さっそく精度評価を実施してみましょう．今回は実験簡略化のため，zero-shotプロンプトの場合のみを評価することにします．

✔ ファインチューニング済みモデルの読み込み

ファインチューニング済みモデルを読み込みます．以下によりファインチューニング前のモデルに，LoRA層が追加されたモデルが読み込まれます．

chapter4/2-2_LoRA.ipynb

```
1  peft_model = PeftModel.from_pretrained(
2      model,
3      "./training_logs"
4  )
5  peft_model.eval()
```

```
PeftModelForCausalLM(
  (base_model): LoraModel(
    (model): GPT2LMHeadModel(
      (transformer): GPT2Model(
        (wte): Embedding(50688, 5120)
        (wpe): Embedding(2048, 5120)
        (drop): Dropout(p=0.1, inplace=False)
        (h): ModuleList(
          (0-39): 40 x GPT2Block(
            (ln_1): LayerNorm((5120,), eps=1e-05, elementwise_affine=True)
            (attn): GPT2Attention(
```

```
            (c_attn): lora.Linear8bitLt(
              (base_layer): Linear8bitLt(in_features=5120, out_features=15360, bias=
True)
              (lora_dropout): ModuleDict(
                (default): Dropout(p=0.05, inplace=False)
              )
              (lora_A): ModuleDict(
                (default): Linear(in_features=5120, out_features=8, bias=False)
              )
              (lora_B): ModuleDict(
                (default): Linear(in_features=8, out_features=15360, bias=False)
              )
              (lora_embedding_A): ParameterDict()
              (lora_embedding_B): ParameterDict()
            )
...
```

ここで，指定した層にLoRA層が追加されていることが確認できます．

✔ 精度評価

精度を評価します．このために，前節と同様にしてデータの前処理と推論パイプラインを作成します．

chapter4/2-2_LoRA.ipynb

```
1  # 推論用にデータセットを前処理
2  def add_text(example):
3      example["text"] = f"### 指示:\n{example['instruction']}\n\n### 入力:\n{example['
   input']}\n\n### 回答:\n"
4      return example
5
6  # 推論パイプライン
7  def generate(prompt, return_full_text=False, max_token=100):
8      input_ids = tokenizer.encode(
9          prompt,
10         add_special_tokens=False,
11         return_tensors="pt"
12     ).to(device=peft_model.device)
13     output_ids = peft_model.generate(
14         input_ids=input_ids,
15         pad_token_id=tokenizer.pad_token_id,
```

```
16          max_length=max_token,
17          temperature=0,
18          num_return_sequences=1
19      )
20      if return_full_text:
21          return tokenizer.decode(output_ids.tolist()[0])
22      output = tokenizer.decode(output_ids.tolist()[0][input_ids.size(1):])
23      return output
24
25  dataset_test = dataset_test.map(add_text)
```

そして，予測ラベルを取得する関数を定義します．

chapter4/2-2_LoRA.ipynb

```
1   def predict(prompt):
2       answer = generate(prompt, False)
3       try:
4         return int(answer[0])
5       except ValueError:
6         return -1
1   y_preds = []
2   for i in tqdm(range(len(dataset_test))):
3       y_preds.append(predict(dataset_test["text"][i]))
4
5   y_true = dataset_test["output"]
6   y_true = [int(i) for i in y_true]
7
8   y_preds = np.array(y_preds)
9   y_true = np.array(y_true)
10
11  print(f"accuracy : {accuracy_score(y_true, y_preds):.3f}")
```

```
accuracy : 0.868
```

正解率は0.868となりました．同一のプロンプトを使った前節のレシピではzero-shotプロンプトでの正解率が0.128でしたから，LoRAでファインチューニングをすると，モデルの精度を大幅に改善できることがわかります．

応用レシピ

類似文章生成

上記のとおり，LoRAによってファインチューニングしたモデルは，複数選択式の質問応答のタスクにおいては高い精度が出ます．しかし，文章生成AIの本質的な強みは，柔軟な文章生成能力です．

そこで，上記のLoRAによってファイルチューニングしたモデルを，もともとの文章生成タスクに適用することを考えます．今回のファインチューニング済みモデルは，すべてJCommonsenseQAのデータで学習されているため，少なくとも類似の問題を生成する用途には転用できそうです．

実際に考えられそうな問題を入力部分に記載し，「～選択肢：」までをプロンプトとしたときの出力を確認します．

chapter4/2-2_LoRA.ipynb

```
prompt = """
### 指示:
質問と選択肢を入力として、選択肢から回答を出力してください。また、回答は選択肢から1つを選択し、番号で回答してください。数値で回答し、他の文字は含めないでください。

### 入力:
質問:
日本一高い山は？
選択肢:
"""

print(generate(prompt, True, 256))
```

Input

```
### 指示:
質問と選択肢を入力として、選択肢から回答を出力してください。また、回答は選択肢から1つを選択し、番号で回答してください。数値で回答し、他の文字は含めないでください。

### 入力:
質問:
日本一高い山は？
選択肢:
```

Output

```
0.富士山 1.東京タワー 2.京都タワー 3.大阪城 4.スカイツリー

### 回答:
0<EOD|LLM-jp>
```

出力結果を確認すると，ファインチューニング済みモデルが学習データのフォーマットと一致した選択肢と回答を生成していることがわかります．また，`<EOD|LLM-jp>`は文末であることを示す文字列ですから，きちんと文章生成の末尾が回答で終了するフォーマットも学習されています．

このように，文章生成AIをLoRAによってファインチューニングすると，指定のフォーマットにもとづいて類似文章を生成することが可能になります．例えば，類似の問題を数多く作成したい場合に，質問を入力として選択肢を自動生成することで，問題作成の効率化につなげることもできます．

さらに，`temperature`や`top_p`などのパラメータを調整すれば，選択肢に多様性を加えたり，質問の先頭キーワードをプロンプトとして使用することで新たな質問文を生成したりなど，多彩な応用も考えられそうです．

FINE TUNING RECIPES

4.3 インストラクションチューニングによる質問応答のファインチューニング

インストラクションチューニングによって質問応答のモデルをファインチューニングする方法について解説します．

これまで述べてきたとおり，文章生成AIは，ファインチューニングによって特定のタスクや問題に特化させることが可能です．しかし，それ以外のタスクの性能が低下するリスクがあります．

こういった問題を解決するために提案されているのが**インストラクションチューニング**（Instruction Tuning）です．インストラクションチューニングでは，学習データに指示（Instruction）と，それにしたがう回答を含めて学習を行います．これにより，モデルが特定のタスクや問題以外の幅広いタスクに対して高い性能をもつことが期待されます．

なお，インストラクションチューニングに用いられるデータは通常，指示文，入力文，出力文に分けて表現されます（**図4.14**）．以下でもこの形式とします[39]．

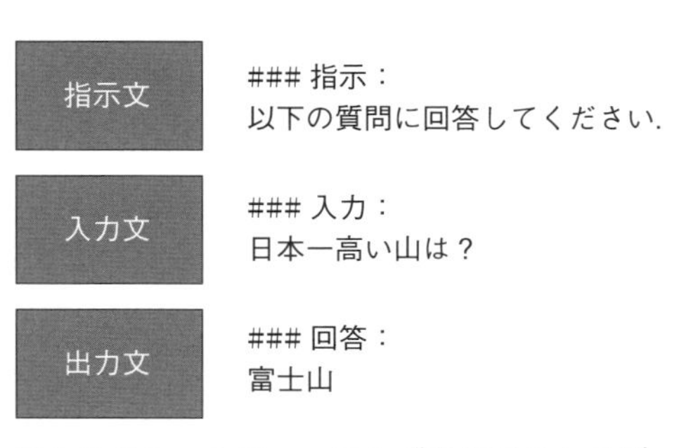

図4.14　インストラクションチューニングに用いられるデータのイメージ（指示文，入力文，出力文に分けてデータを構成する）

現在，海外で公開されたインストラクションチューニング用のデータセットが数多く日本語に翻訳されています（**表4.2**）．このうち，今回はさまざまな公開データセットを集約したものである**llm-japanese-dataset**を使用します[40]．

ただし，llm-japanese-datasetにはJCommonsenseQAの評価データが含まれているた

表 4.2　代表的な日本語のインストラクションチューニング用データセット

データセット名	概　要
databricks-dolly-15k-ja	databricks/dolly-v2で使用されている公開データセットの日本語訳データセット
oasst-89k-ja	OpenAssistantの公開データセット「OASST1」の日本語訳データセット
jaster	日本語言語理解ベンチマークのデータセットなどをもとに構築されたデータセット
llm-japanese-dataset	さまざまな公開データセットを集約したデータセット（上記３つのデータセットを含む）

め，評価する際に注意が必要です．

（1）　ライブラリのインストール

前節と同じですので，147ページを参照してください．

（2）　データセットの準備

llm-japanese-datasetをダウンロードして，前処理を行います．

すなわち，llm-japanese-datasetから評価データと重複するJCommonsenseQAの評価データを除外し，さらに学習時間の短縮のためにJCommonsenseQAの学習データとllm-japanese-datasetのデータが合計30000件となるようにサンプリングします．

chapter4/3-1_InstructionTuning.ipynb

```
1   # JCommonsenseQAをダウンロードし，データフレームに変換する
2   dataset_qa = load_dataset("shunk031/JGLUE", name="JCommonsenseQA")
3   train_df_qa = dataset_qa["train"].to_pandas()
4   test_df_qa = dataset_qa["validation"].to_pandas()
5   qa_df = pd.concat([train_df_qa, test_df_qa])
6
7   # llm-japanese-dataset-valnillaをダウンロードし，データフレームに変換する
8   dataset_llm_japanese = load_dataset("izumi-lab/llm-japanese-dataset-vanilla",
    revision="1.0.1")
9   train_df = dataset_llm_japanese["train"].to_pandas()
10
11  # JCommonsenseQAのデータを除外する
12  qa_df["label_text"] = qa_df.apply(lambda x: x[f"choice{x['label']}"], axis=1)
13  mask = train_df["output"].isin(qa_df["label_text"]) & train_df["instruction"].isin(
    qa_df["question"])
14  train_df["is_JCommonsenseQA"] = mask
```

```
15  train_df = train_df[~train_df["is_JCommonsenseQA"]]
16  del train_df["is_JCommonsenseQA"]
17  print(f"除外したデータ数 : {sum(mask)}")
18
19  ### インストラクションチューニング用のデータセットを作成する ###
20  # JCommonsenseQAデータセットの整備
21  qa_instruction_text = "質問と選択肢を入力として、選択肢から回答を出力してください。ま
    た、回答は選択肢から1つを選択し、番号で回答してください。数値で回答し、他の文字は含めない
    でください。"
22  train_df_qa["instruction"] = qa_instruction_text
23  train_df_qa["input"] = train_df_qa.apply(lambda x: f"質問:\n{x['question']}\n選択肢
    :\n0.{x['choice0']} 1.{x['choice1']} 2.{x['choice2']} 3.{x['choice3']} 4.{x['
    choice4']}", axis=1)
24  train_df_qa["output"] = train_df_qa["label"].astype(str)
25  train_df_qa = train_df_qa[["instruction", "input", "output"]]
26
27  # 短時間で学習可能なサイズにサンプリングする
28  total_sample_size = 30000
29  sample_size = total_sample_size - len(train_df_qa)
30  train_df = train_df.sample(n=sample_size, random_state=42)
31
32  # train_dfと結合する
33  train_df = pd.concat([train_df, train_df_qa], ignore_index=True)
34
35  # datasetクラスに変換する
36  dataset = Dataset.from_pandas(train_df)
37  dataset = dataset.train_test_split(train_size=0.9, seed=42)
```

(3) モデルの読み込み

前節，前々節と同じですので，127ページを参照してください.

chapter4/3-1_InstructionTuning.ipynb

```
1  # トークナイザとモデルを読み込む
2  tokenizer = AutoTokenizer.from_pretrained("llm-jp/llm-jp-13b-v1.0", use_fast=True)
3  model = AutoModelForCausalLM.from_pretrained(
4      "llm-jp/llm-jp-13b-v1.0",
5      load_in_8bit=True, # 計算を効率化させるため，重みをint8として読み込む
6      device_map="auto"
7  )
```

ファインチューニングの実装

（1） LoRAコンフィグ設定

前節と同様に，もとのモデルのパラメータを凍結し，LoRAコンフィグを設定します．詳しいコードの解説は省略します．

chapter4/3-1_InstructionTuning.ipynb

```
1  # もとのモデルのパラメータを凍結する
2  for param in model.parameters():
3      param.requires_grad = False
4      if param.ndim == 1:
5        param.data = param.data.to(torch.float32)
6  model.gradient_checkpointing_enable()
7  model.enable_input_require_grads()
8
9  # LoRAコンフィグ
10 peft_config = LoraConfig(
11     r=8,
12     target_modules=["c_attn", "c_proj", "c_fc"],
13     lora_alpha=32,
14     lora_dropout=0.05,
15     bias="none",
16     fan_in_fan_out=True,
17     task_type=TaskType.CAUSAL_LM
18 )
19
20 # 学習コンフィグ
21 training_arguments = TrainingArguments(
22     output_dir="./training_logs",
23     num_train_epochs=3,
24     per_device_train_batch_size=4,
25     per_device_eval_batch_size=1,
26     gradient_accumulation_steps=16,
27     learning_rate=1e-4,
28     warmup_ratio=0.1,
29     lr_scheduler_type="cosine",
30     logging_steps=50,
31     evaluation_strategy="steps",
32     eval_steps=50
33 )
```

(2) Data Collator

Data Collatorとは，機械学習の学習プロセスにおいて使用される機能の１つで，生データに対してデータの前処理やデータ拡張を実行するものです．DataCollatorForCompletionOnlyLMクラスは，自然言語処理のためのData Collatorの一種で，文章生成AIの学習によく利用されます．これを使用すると，**図4.15**のように，応答フォーマット以降に生成する文字のみを損失関数の計算対象とすることができます．その結果，必要のない入力部分は学習せずに，必要な応答のみを学習するため，効率的により精度の高い応答を生成することができます．

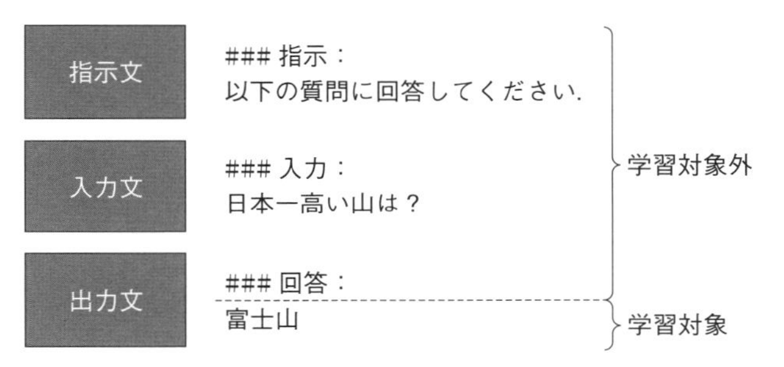

図 4.15　インストラクションチューニングに用いられるデータのイメージ
（「～###回答：」までを学習対象外として，出力のみを学習対象とする）

次のコードで，データを前処理する関数とともに，collatorを定義します．

chapter4/3-1_InstructionTuning.ipynb

```
1   def formatting_prompts_func(example):
2       output_texts = []
3       for i in range(len(example["instruction"])):
4           text = f"### 指示:\n{example['instruction'][i]}\n\n### 入力:\n{example['
    input'][i]}\n\n### 回答:\n{example['output'][i]}"
5           output_texts.append(text)
6       return output_texts
7
8   collator = DataCollatorForCompletionOnlyLM(
9           response_template="回答:\n", tokenizer=tokenizer
10  )
```

(3) 学習の実行

それでは，学習を実行しましょう．前節と同様に学習します．引数data_collatorに先ほど定義したcollatorを渡すことで，生成する文章のみを損失として計算します．筆者は本モデルの学習に，NVIDIA A100 GPUで24時間ほどかかりました．

chapter4/3-1_InstructionTuning.ipynb

```
trainer = SFTTrainer(
    model=model,
    tokenizer=tokenizer,
    train_dataset=dataset["train"],
    eval_dataset=dataset["test"],
    peft_config=peft_config,
    args=training_arguments,
    formatting_func=formatting_prompts_func,
    data_collator=collator,
    max_seq_length=2048
)

trainer.train()
```

（4） ファインチューニング済みモデルの保存

最後に，前節と同様にしてファインチューニング済みモデルを保存します．

chapter4/3-1_InstructionTuning.ipynb

```
trainer.save_model() # モデルの保存
trainer.save_state() # メトリクスの保存
```

評価

ファインチューニング済みモデルの読み込み

前節と同様にして，ファインチューニング済みモデルを読み込みます．

chapter4/3-2_InstructionTuning.ipynb

```
# トークナイザとモデルを読み込む
tokenizer = AutoTokenizer.from_pretrained("llm-jp/llm-jp-13b-v1.0", use_fast=True)
model = AutoModelForCausalLM.from_pretrained(
    "llm-jp/llm-jp-13b-v1.0",
    load_in_8bit=True, # 計算を効率化させるため，重みをint8として読み込む
    device_map="auto"
  )

peft_model = PeftModel.from_pretrained(
    model,
```

```
11      "./training_logs"
12  )
13  peft_model.eval()
```

☑ データセットの前処理

まず，評価データの前処理を実行します．

chapter4/3-2_InstructionTuning.ipynb

```
1   # JCommonsenseQAをダウンロードし，データフレームに変換する
2   dataset_qa = load_dataset("shunk031/JGLUE", name="JCommonsenseQA")
3   train_df_qa = dataset_qa["train"].to_pandas()
4   test_df_qa = dataset_qa["validation"].to_pandas()
5
6   # JCommonsenseQAデータセットの整備
7   def preprocess_qa_df(df):
8     qa_instruction_text = "質問と選択肢を入力として、選択肢から回答を出力してください。ま
    た、回答は選択肢から1つを選択し、番号で回答してください。数値で回答し、他の文字は含めない
    でください。"
9     df["instruction"] = qa_instruction_text
10    df["input"] = df.apply(lambda x: f"質問:\n{x['question']}\n選択肢:\n0.{x['choice0
    ']} 1.{x['choice1']} 2.{x['choice2']} 3.{x['choice3']} 4.{x['choice4']}", axis=1)
11    df["output"] = df["label"].astype(str)
12    df = df[["instruction", "input", "output"]]
13    return df
14
15  train_df_qa = preprocess_qa_df(train_df_qa)
16  test_df_qa = preprocess_qa_df(test_df_qa)
17
18  # datasetクラスに変換する
19  dataset_train = Dataset.from_pandas(train_df_qa)
20  dataset_train = dataset_train.train_test_split(train_size=0.9, seed=42)
21  dataset_test = Dataset.from_pandas(test_df_qa)
22
23  # 推論用にデータセットを前処理する
24  def add_text(example):
25      example["text"] = f"### 指示:\n{example['instruction']}\n\n### 入力:\n{example['
    input']}\n\n### 回答:\n"
26      return example
27
28  dataset_test = dataset_test.map(add_text)
```

☑ 推論の実行

評価データで推論を実行します.

chapter4/3-2_InstructionTuning.ipynb

```
def generate(prompt, return_full_text=False, max_token=100):
    input_ids = tokenizer.encode(
        prompt,
        add_special_tokens=False,
        return_tensors="pt"
    ).to(device=peft_model.device)
    output_ids = peft_model.generate(
        input_ids=input_ids,
        pad_token_id=tokenizer.pad_token_id,
        max_length=max_token,
        temperature=0,
        num_return_sequences=1
    )
    if return_full_text:
        return tokenizer.decode(output_ids.tolist()[0])
    output = tokenizer.decode(output_ids.tolist()[0][input_ids.size(1):])
    return output

prompt = """
### 指示:
以下の質問に回答してください。

### 入力:
日本一高い山は？

### 回答:
"""

print(generate(prompt, True))
```

Input

```
### 指示:
以下の質問に回答してください。

### 入力:
日本一高い山は？
```

```
### 回答:
```

Output

```
富士山<EOD|LLM-jp>
```

ここで，<EOD|LLM-jp>は文章の終了を意味する文字列なので，本モデルが回答のみを出力していることがわかります．このように，インストラクションチューニングによってファインチューニングを実行すると，与えた指示にしたがう文章生成AIをつくることができます．

また，比較のために，ファインチューニング前のモデルによる出力結果も確認してみましょう．

Input（学習前）

```
### 指示:
以下の質問に回答してください。

### 入力:
日本一高い山は？

### 回答:
```

Output（学習前）

```
富士山

### 出力:
正解です.

### 解説:
富士山は、日本の最高峰で、標高3776mです。

## 問題10

### 問題:
以下のような、
```

学習前のモデルの出力結果では，回答を生成した後にそのまま続けて文章を生成しています．これは，文章生成AIは決して人間と同じように文章を理解しているわけではなく，次単語予測問題を解いて，もっともらしい単語を繰り返し生成しているからです．

精度の評価

精度評価を実施してみましょう．コード自体はこれまでのレシピと同様ですので，解説を省略します．

chapter4/3-2_InstructionTuning.ipynb

```
def predict(prompt):
    answer = generate(prompt, False)
    try:
      return int(answer[0])
    except ValueError:
      return -1

y_preds = []
for i in tqdm(range(len(dataset_test))):
    y_preds.append(predict(dataset_test["text"][i]))

y_true = dataset_test["output"]
y_true = [int(i) for i in y_true]

y_preds = np.array(y_preds)
y_true = np.array(y_true)

print(f"accuracy : {accuracy_score(y_true, y_preds):.3f}")
```

```
accuracy : 0.903
```

正解率は0.903となりました．前節のLoRAによるファインチューニング済みモデルと比較して0.04ほど精度が改善しています．

ただし，インストラクションチューニングのほかに学習データの追加もしているため，一概にインストラクションチューニングの効果とはいえませんが，インストラクションチューニングを使って指示にしたがうように学習することで，一般に文章生成AIの性能は向上するといわれています．

応用レシピ

今回のレシピで，インストラクションチューニングによって選択式の質問応答タスクにおいて高い精度を発揮するモデルをつくることができました.

しかし，インストラクションチューニングの本来の目的は，指示にしたがうように学習することでそれ以外のタスクをこなす性能を向上させたり，より汎用的なモデルを生成することにあります．ここでは，文章生成AIにさまざまなプロンプトを与えてその出力を確認することで，本モデルが汎用的なモデルといえるか確認してみましょう.

回答の長さの制御

本モデルで，回答の長さを制御できるかどうかを確認します．まずは文字数の制限をしないで質問してみます.

chapter4/3-2_InstructionTuning.ipynb

```
1  prompt = """
2  ### 指示:
3  以下の質問に答えてください。
4  
5  ### 入力:
6  アマゾン川はどこにありますか？
7  
8  ### 回答:
9  """
10 
11 print(generate(prompt, True, 256))
```

Input

```
### 指示:
以下の質問に答えてください。

### 入力:
アマゾン川はどこにありますか？

### 回答:
```

Output

```
アマゾン川は南米のブラジルとペルーの国境にあるアマゾン川の源流から始まり，南アメリカのブラジルの南東部を流れ，大西洋に注いでいます．<EOD|LLM-jp>
```

ここで，70文字近くの文字数で回答しています.

次に，「20字以内で答えてください。」の指示を追加してみます．

chapter4/3-2_InstructionTuning.ipynb

```
prompt = """
### 指示:
以下の質問に20字以内で答えてください。

### 入力:
アマゾン川はどこにありますか？

### 回答:
"""

print(generate(prompt, True, 256))
```

Input

```
### 指示:
以下の質問に20字以内で答えてください。

### 入力:
アマゾン川はどこにありますか？

### 回答:
```

Output

```
ブラジルの南東部にあります。<EOD|LLM-jp>
```

「20字以内で答えてください。」の指示にしたがって，15文字で回答を生成することができました．

回答の形式の制御

次に，回答の形式を制御する指示を追加してみます．「箇条書きで3つ答えてください。」という指示を追加します．

chapter4/3-2_InstructionTuning.ipynb

```
prompt = """
### 指示:
以下の質問に箇条書きで3つ答えてください。

### 入力:
ブラジルの川は？

### 回答:
"""

print(generate(prompt, True, 256))
```

Input

```
### 指示:
以下の質問に箇条書きで3つ答えてください。

### 入力:
ブラジルの川は？

### 回答:
```

Output

```
アマゾン川<EOD|LLM-jp>
```

このように，本モデルでは長さの制御はできても，箇条書きで文章を生成することができません．これは，学習データに箇条書きの出力が含まれていないためだと考えられます．一般に，文章生成AIは大量の学習データにもとづくパターンを学習し，文脈から次の単語を予測するだけであり，学習データに存在しない形式の文章は生成できません．

しかし，学習データの数を増やしたり，人間のフィードバックを取り入れながらの学習（RLHF，13ページ参照）を行うことで，このような特定の指示に応じた文章生成AIを開発することは可能です．近年，OpenAI社のChatGPTが注目されていますが，ChatGPTはインストラクションチューニングとRLHFを取り入れた学習を行い，高品質な回答を生成できるようになったとされています．なお，RLHFについては，次のChapter 5で詳しく解説します．

FINE TUNING RECIPES

4.4 画像生成のファインチューニング

画像生成とは，深層学習技術を使用して，特定の指示やテキストにもとづいて新しい画像を生成するタスクです．入力データや目的にもとづいてさまざまな種類があります．代表的なものを以下にあげます．

- **Text-to-Image**（テキストから画像生成）：テキストを入力として，それに関連する画像を生成します
- **Style Transfer**（スタイル変換）：画像を入力として，特定のスタイルに画像を変換します．風景画をゴッホの絵画風のスタイルにするモデルが有名になりました
- **Super Resolution**（超解像）：画像を入力として，低解像度の画像を高解像度に変換します
- **Image Completion**（画像補完）：一部が欠けている画像やぼやけている画像など，不完全な画像を入力として，欠落部分を修復した画像を再構成します

これらの中でも，今回は最も代表的なText-to-Imageのタスクについて解説します．

レシピの概要

少数の画像を利用して画像生成AI「StableDiffusion」をLoRAによってファインチューニングするレシピについて解説します．

データセット

データセットは，ライブラリdiffusersから，用意されている同じイヌの写真が５枚ずつの画像データ（**図4.16**）を学習データとして使用します．以下のURLから取得します．

https://huggingface.co/datasets/diffusers/dog-example
（2024年８月現在）

図4.16　学習データとして使用する同じイヌの５枚の写真（例）

モデル① Stable Diffusion

拡散モデルの一種であるStable Diffusion XL（SDXL）と，超解像モデルの一種であるRefiner(SDEdit)を組み合わせて使用します．

Stable Diffusionは，イギリスのStability AI社によって開発された一般的に広く知られている画像生成AIです．オープンソースとして利用可能で，Web版やGUIツール，特定ドメインにファインチューニングされたものなど，多岐にわたる形式で公開されています．なかでも，今回はStable Diffusion XLを使用します．

ここで，画像生成AIのしくみを理解するために，**図4.17**を用いながらStable Diffusionのアーキテクチャを簡単に解説します．Stable Diffusionは，まず，テキストデータと画像データの両方を扱うことができる**マルチモーダルモデル**（Multimodal Model）[注5]であるCLIPを使用し，テキストデータを初期の**潜在表現**（Latent Expression）[注6]に変換します[41]．そして，この潜在表現を，U-Netと呼ばれるニューラルネットワークに入力します[42]．U-Netを使うと，潜在空間において逆拡散過程が数回繰り返されることで，潜在表現がより洗練されたものとなります．こうして洗練なものとなった潜在表現がVAE（図4.3，120ページ参照）のデコーダによって最終的に画像に変換され，ユーザの入力したプロンプトに合致する画像として生成されます．

注5　異なるモダリティ（画像，テキスト，音声など）の入出力を扱うことができるモデルのことを指します．
注6　深層学習モデルにおいて，入力データの本質的な特徴をとらえた低次元の符号化された表現のことです．

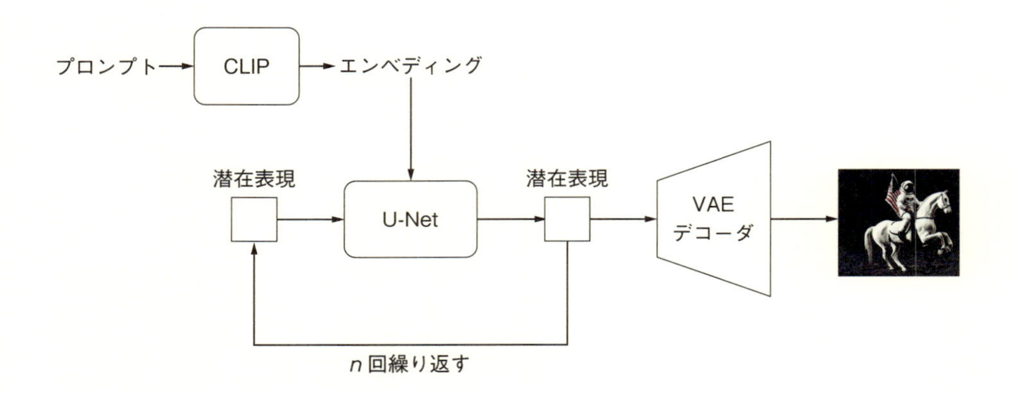

図 4.17　Stable Diffusionのアーキテクチャ
（テキストデータとして与えられたプロンプトはCLIPと呼ばれるモデルでエンベディング（45ページ参照）され，U-Netと呼ばれるニューラルネットワークに入力される．そして，U-Netによる数回の逆拡散過程を経て洗練された潜在表現とされた後，VAEのデコーダで画像に変換される）

なお，Stable Diffusion XLも，従来のStable Diffusionから「U-Netのパラメータ数の増加」「潜在空間サイズの拡張」「テキストエンコーダの変更」「Refinerモデルの導入」などの変更がなされていますが，基本的なアーキテクチャは従来のStable Diffusionと同じです．ただし，Stable Diffusion XLでは，潜在表現の生成過程で２段階のプロセスが採用されています（**図 4.18**）．

まずはStable Diffusion XL Base（図4.18のBase）に128×128のノイズとプロンプトを入力し，初期の潜在表現に変換します．その後，得られた潜在表現をStable Diffusion XL Refinerの入力としてさらに逆拡散過程を適用し，新たな潜在表現を獲得します．最後に，VAEのデコーダによって潜在表現が1024×1024の画像に変換されます．このように，変換過程の潜在表現を補完することで，画像中の細部の不自然さや非現実性を修正することを可能にしています．

以降は，簡単のため，Stable Diffusion XLをStable Diffusionと記載します．

モデル② Refiner

Refinerは，Stable Diffusionによる画像生成プロセスを補完するために用いられている超解像モデルであり，**SDEdit**という別名があります[43]．

実際の使用例については，レシピの後半で解説します．

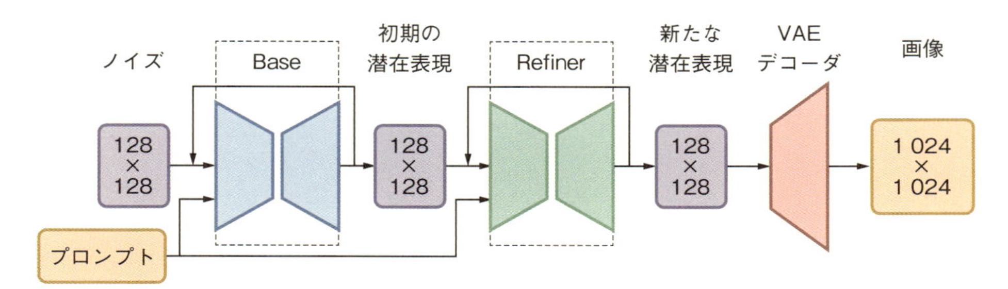

図 4.18　Stable Diffusion XLのアーキテクチャ
（文献 44）を参考に作成）

学習手法

DreamBoothを使用してモデルを学習します．

従来の画像生成AIのファインチューニングでは，大量の，テキストと画像のデータセットが必要で，求められる計算リソースが高く，データの収集や学習コストが大きな課題でした．しかし，少量の画像で学習すると，生成される画像の学習データへの依存度が高く，多様性に欠けます．これらの課題を解決したのがDreamBoothです[45]．

DreamBoothは少量の画像を使用して，「特定の対象やスタイルに特化した」画像の生成を可能にします．これを使うと，個人のペットや特定の商品，特定のアートスタイルなど，特定の対象物にフォーカスして画像を生成することができます．

図 4.19は，DreamBoothに関する論文中の一例です．入力画像４枚を学習データとして使用し，さまざまなプロンプトに合わせて多様な画像を生成しています．ここで，[V]は，学習した対象を識別するための固有トークンです．特に注目すべき点は，画像の多様性です．一般的な学習のしかたでは，画像中に含まれる対象物だけではなく背景までもが学習されるので，学習データが少ないと限られたバリエーションの画像しか生成できません．DreamBoothについて技術的に詳しい内容が知りたい方は，原論文[45]を参照してください．

Input images

① A [V] backpack in tne Grand Canyon　② A wet [V] backpack in water　③ A [V] backpack in Boston　④ A [V] backpack with the night sky

図 4.19　DreamBooth の学習例
（上の入力画像４枚を学習データとして使用し，それらの下にあるように，さまざまなプロンプトに合わせて多様な画像を生成している）
（文献 45）より引用．図中に番号①〜④を追加）

事前準備 1 環境設定

まずは，ファインチューニングのコードを用意しているGitHubリポジトリをクローンし，必要なライブラリをダウンロードします．ファインチューニング用のコードは，HuggingFaceから出ているdiffusersを活用します．

chapter4/4-1_StableDiffusion.ipynb

```
1  !git clone https://github.com/huggingface/diffusers
2  %cd diffusers
3  !pip install -e .
4
5  %cd examples/dreambooth
6  !pip install -r requirements_sdxl.txt
7
8  !pip install bitsandbytes==0.42.0
9  !pip install transformers==4.35.2
10 !pip install accelerate==0.26.1
```

事前準備 2 データセットの準備

データセットは，ライブラリdiffusersから，用意されている同じイヌの写真が５枚ずつの画像データ（図 4.16，171 ページ）を学習データとして使用します．次のコードでダウンロードします.

chapter4/4-1_StableDiffusion.ipynb

```
local_dir = "./image"
snapshot_download(
    "diffusers/dog-example",
    local_dir=local_dir, repo_type="dataset",
    ignore_patterns=".gitattributes",
)
```

ファインチューニングの実装

(1) 学習の実行

それでは，学習を実行しましょう．既存のプログラムを活用することで，いくつかの引数を渡すだけで簡単に実行できます．以下の引数で学習を実行したところ，筆者はNVIDIA A100 GPUで30分ほどで学習が完了しました.

chapter4/4-1_StableDiffusion.ipynb

```
!accelerate launch train_dreambooth_lora_sdxl.py \
  --pretrained_model_name_or_path="stabilityai/stable-diffusion-xl-base-1.0" \
  --pretrained_vae_model_name_or_path="madebyollin/sdxl-vae-fp16-fix" \
  --instance_data_dir="./image" \
  --output_dir="my_LoRA" \
  --mixed_precision="fp16" \
  --instance_prompt="a photo of sks dog" \
  --resolution=1024 \
  --train_batch_size=1 \
  --gradient_accumulation_steps=4 \
  --gradient_checkpointing \
  --learning_rate=1e-5 \
  --lr_scheduler="constant" \
  --lr_warmup_steps=0 \
  --use_8bit_adam \
  --max_train_steps=500 \
  --seed="0"
```

それぞれの引数について説明します.

- 引数pretrained_model_name_or_pathでは，事前学習済みの拡散モデルの名前か，ローカルのパスを指定します
- 引数pretrained_vae_model_name_or_pathでは，事前学習済みのVAEの名前か，ローカルのパスを指定します
- 引数instance_data_dirでは，学習に使用するデータ（画像）の保存先を指定します
- 引数output_dirでは，学習の結果を保存する出力先のパスを指定します．学習後のモデルやログがここに保存されます
- 引数mixed_precisionでは，計算を高速化し，メモリ使用量を削減するために浮動小数点の形式を指定します．fp16とbf16を選択可能で，計算リソースに応じて選択します．fp16（half precision floating point 16）を使うと32ビット浮動小数点（fp32）よりもメモリ使用量が半分になるため，大規模モデルの学習や推論でメモリ効率が大幅に向上します．ただし，32ビット浮動小数点よりも値域が狭いため，オーバフローが発生する可能性があります．一方で，bf16（brain floating point 16）は，fp16と同様にメモリ使用量を削減しますが，数値の範囲は32ビット浮動小数点とほぼ同等であるため，メモリ使用量を削減しながらオーバフローのリスクを低減できます
- 引数instance_promptでは，学習時に使用するプロンプトを指定します．このときに，本節ではsksのインスタンスを特定する識別子を含むプロンプトを指定しています
- 引数resolutionでは，生成する画像の解像度を指定します
- 引数train_batch_sizeでは，学習時のバッチサイズを指定します．バッチサイズが大きいほど，1ステップあたりの学習データ量が増えます
- 引数gradient_accumulation_stepsでは，勾配のステップ数を指定します．これにより，メモリ効率を向上させつつ大規模なバッチ学習を可能にします
- 引数gradient_checkpointingでは，勾配のチェックポイントを使用するかどうかを指定します．これにより，メモリ使用量を削減できます
- 引数learning_rateでは，学習率を指定します
- 引数lr_schedulerでは，学習率のスケジューラを指定します．スケジューラにより，学習率の変動タイミングを制御します
- 引数lr_warmup_stepsでは，学習率のウォームアップステップ数を指定します．ウォームアップ（109ページ参照）により，学習初期の不安定性を軽減することができます
- 引数use_8bit_adamでは，8ビットのAdamオプティマイザを使用するかどうかを指定します
- 引数max_train_stepsでは，学習ステップ数を指定します．今回はすばやく学習するために，500という数値に設定しています

- 引数seedでは，乱数生成のシード値を指定します．シード値を固定することで，実験の再現性を確保できます

評価

さっそくファインチューニング済みモデルを評価してみましょう．

事前学習済みモデルの読み込み

まず，比較のために，ファインチューニングしていないStable Diffusionを読み込みます．

chapter4/4-2_StableDiffusion.ipynb

```
1  vae = AutoencoderKL.from_pretrained("madebyollin/sdxl-vae-fp16-fix", torch_dtype=
   torch.float16)
2  pipe = DiffusionPipeline.from_pretrained(
3      "stabilityai/stable-diffusion-xl-base-1.0",
4      vae=vae,
5      torch_dtype=torch.float16,
6      variant="fp16",
7      use_safetensors=True
8  )
9  _ = pipe.to("cuda")
10 generator = torch.Generator(device="cuda").manual_seed(42)
```

事前学習済みモデルによる推論の実行

事前学習済みモデルを使用して推論を実行します．ここで，ファインチューニングで使用したのと同じプロンプトa photo of sks dogを利用してみます．

chapter4/4-2_StableDiffusion.ipynb

```
1  prompt = "a photo of sks dog in a bucket"
2
3  generator = torch.Generator(device="cuda").manual_seed(10)
4  image = pipe(prompt, num_inference_steps=50, guidance_scale=7.5, generator=
   generator).images[0]
5  image
```

図 4.20　通常のStable Diffusionが生成した画像

この推論結果が**図 4.20**です．いびつな形の首輪のようなものを付けたイヌの画像が生成されており，ファインチューニングに使用したイヌと同じ模様のイヌは生成されていません．この理由は，sksという固有トークンを学習していないからです．

✔ ファインチューニングしたモデルによる推論の実行

次に，LoRAによるファインチューニング済みモデルを使って推論を実行してみます．このモデルの読み込みは，事前学習済みモデルにLoRAの重みを追加するだけで，実装は非常に簡単です．

chapter4/4-2_StableDiffusion.ipynb

```
1  pipe.load_lora_weights("/content/diffusers/examples/dreambooth/my_LoRA/
   pytorch_lora_weights.safetensors")
2  _ = pipe.to("cuda")
```

それでは，先ほどと同じプロンプトで推論を実行してみます．

chapter4/4-2_StableDiffusion.ipynb

```
1  prompt = "a photo of sks dog in a bucket"
2
3  generator = torch.Generator(device="cuda").manual_seed(10)
```

```
4   image = pipe(prompt, num_inference_steps=50, guidance_scale=7.5, generator=
    generator).images[0]
5   image
```

図 4.21　ファインチューニング済みモデルによる生成画像
（バケツの中に入っているシチュエーション）

図 4.21 をみると，ファインチューニングの学習に使用したデータにあったイヌの特徴をとらえた画像を生成することができています．つまり，学習データと同じ模様のイヌが生成されています．

次に，シチュエーションを変えた画像も生成してみましょう．in a bucketというプロンプトを使用してバケツの中にシチュエーションでイヌの画像を生成していましたが，これをat the Acropolisというプロンプトに変えて，ギリシャに実在するアテネのアクロポリスにたたずんでいるシチュエーションでイヌの画像を生成します．

chapter4/4-2_StableDiffusion.ipynb

```
1   prompt = "a photo of sks dog at the Acropolis"
2
3   generator = torch.Generator(device="cuda").manual_seed(10)
4   image = pipe(prompt, num_inference_steps=50, guidance_scale=7.5, generator=
    generator).images[0]
5   image
```

図 4.22　ファインチューニング済みモデルによる生成画像
（アテネのアクロポリスにたたずんでいるシチュエーション）

図 4.22 を確認すると，若干体長が長く，模様が異なる部分もありますが，学習データであるイヌの顔の特徴をとらえた画像を生成することができていることがわかります．

このように，ファインチューニングで学習した単語 sks と組み合わせることで，さまざまな画像を生成することができようになります．

応用レシピ

Refinerの実行

Stable Diffusion による生成画像は一見，ハイクオリティですが，細部を確認すると，ところどころでおかしい点があります．例えば，バケツの中に入っているシチュエーションの例（図 4.21，179ページ）では，イヌの手足が少しいびつな形をしていて，口と鼻もつながっているように見えます．

Refiner を合わせ技で使用すると，より現実的な画像に仕上げることができます．といっても，1段目で Stable Diffusion の潜在表現を抽出し，2段目ではそれを入力として画像を出力するだけで，非常に簡単に実行できます．

chapter4/4-2_StableDiffusion.ipynb

```
refiner = StableDiffusionXLImg2ImgPipeline.from_pretrained(
    "stabilityai/stable-diffusion-xl-refiner-1.0", torch_dtype=torch.float16,
use_safetensors=True, variant="fp16"
)
refiner.to("cuda")

prompt = "a photo of sks dog in a bucket"

generator = torch.Generator("cuda").manual_seed(10)
image = pipe(prompt=prompt, output_type="latent", generator=generator,
num_inference_steps=50, guidance_scale=7.5).images[0]
image = refiner(prompt=prompt, image=image[None, :], generator=generator).images[0]
image
```

図 4.23　Stable Diffusion + LoRA + Refinerの生成画像

これによって，**図 4.23**のように，ファインチューニングの学習に使用した学習データのイヌからは少し離れてしまいましたが，手足や口元などがより現実的な画像を生成することができます.

図 4.22のアテネのアクロポリスにたたずんでいるシチュエーションの画像で，ぜひRefinerを試してみてください.

COLUMN

画像生成のビジネス活用における課題

画像生成のビジネスにおける活用はさまざまな企業で進められていますが，同時にいくつかの課題も明らかになっています．

- 著作権の侵害：画像生成に使われるデータが著作権によって保護されている場合，生成された画像の使用が法的な問題を引き起こすリスクがあります．特にユーザが商用目的で利用する場合には，もとの著作者の権利を侵害しないよう注意が必要です
- 倫理的な観点：生成された画像が不適切な内容を含むリスクや，偽情報の拡散に利用されるリスクを考慮する必要があります
- データ収集と処理にかかるコスト：質の高い画像を生成するためには，大規模で多様な学習データが必要ですが，一般にデータの収集と処理には非常に大きなコストがかかります

これらの課題を回避することは，著作権フリーの大規模データセットを用意できれば簡単なのですが，非常に難しく，現実的ではありません．そこで少量の画像を使って効率的にファインチューニングする手法に注目が集まっています．

Chapter 5

強化学習によるファインチューニング

近ごろのChatGPTなどの**対話型AI**（Conversational AI）は，まるで人間のような非常に高度な会話能力を獲得しています．さらに，ユーザからのニッチな要求（例えば，「○○というフレーズを感動的な口調の関西弁に書き直してください」など）に対しても，意図に沿った高度な回答文章を生成することができます．このようなAIを学習させるためには，ユーザの要求と正解である回答文章のペアを大量に用意する必要がありそうに思えます．しかし，正解である回答文章にはさまざまなバリエーションが存在しうるため，そのようなデータセットを用意するのは現実的ではありません．それでは，いったいどのようにしてこのようなAIを学習させているのでしょうか？これを可能にするのがRLHFと呼ばれる，強化学習をベースとする技術です．

本Chapterでは，RLHFを使用した文章生成AIのファインチューニングレシピを取り上げます．Chapter 4までとは少し異なり，タスクをよりよくこなすためのレシピというより，強化学習・RLHFという技術の理解に焦点を当てたものになっています．洗練されたライブラリのおかげでRLHFをブラックボックスとして活用することもできますが，原理を理解することで，RLHFを含むさまざまな技術を適切に活用するための判断の助けになることを期待します．

強化学習とRLHF

強化学習とは

囲碁・将棋などのボードゲームをプレイするAI（囲碁AI，将棋AI）や，ロボットを自律制御するAIなどについて考えてみましょう．これらのAIにとってのタスクとは，現在の状態（囲碁・将棋なら盤面）を入力とし，次の行動（囲碁・将棋なら次の１手）を出力することです．それでは，こういったタスクに対し，Chapter 2〜4で扱ってきたような教師あり学習のアプローチは適用できるでしょうか？

教師あり学習では，教師データを用意する必要がありました．囲碁の例の場合，教師データは「ある盤面」とそれに対する「次の１手」のペアです．しかし，数多く存在する行動選択肢の中から最適な行動を定めるのは容易ではなく，また正解は１つとは限りません．さらに，現在の状態はAIの選択する行動次第で変化するため，網羅的に教師データを用意することは困難です．そのため，教師データを用いた教師あり学習では限界があります．こういった性質のタスクにおいて，一般に強化学習が適用されます．

強化学習では，AI（**エージェント**（agent），意思決定および行動の主体）に入出力の正解を与えるかわりに，エージェントに相互作用する環境（environment）で自由に行動させ（囲碁・将棋なら自由に手を打たせ），その結果のよし悪しを表す報酬値（囲碁・将棋なら勝ったら＋１点，負けたら－１点など）をフィードバックします．それを受けて，エージェントは，ある一連の行動をとった後に高い報酬値を得られた場合，それまでにとった一連の行動を強化（次からも同じような状況では同じような行動をとる可能性を高める）し，逆に低い報酬値しか得られなかった場合，それまでにとった一連の行動を弱化させます．つまり，強化学習とは試行錯誤を大量に繰り返す中で，高い報酬が得られる最適な行動を学習していくという手法です．

RLHFとは

ここまで，強化学習について簡単に説明しました．では，ユーザの要求に沿った回答文章を生成するAIについても，強化学習を適用することは可能でしょうか？ 人間はさまざまな相手や状況で会話を繰り返す中で，それぞれのケースに応じた回答を学んでいきますから，これは可能なように思えます．

しかし，ここで結果のよし悪しの評価が問題となります．例えば，ボードゲームやロボット制御であれば，結果のよし悪し（勝敗や成功／失敗など）は機械的に評価可能ですが，回答文

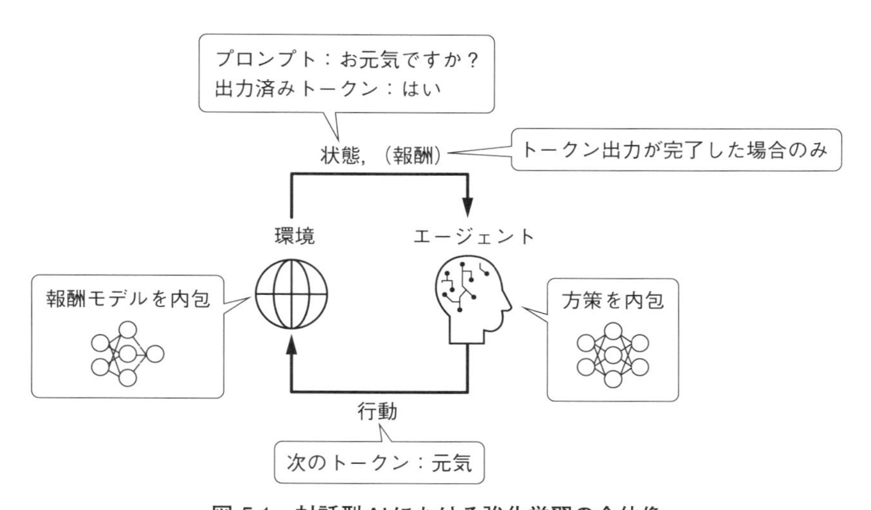

図 5.1　対話型AIにおける強化学習の全体像
（エージェント（対話型AI）は現在の状態（プロンプトと出力済みトークン）にもとづいて行動（次のトークン）を選択して環境に適用（トークンを末尾に追加）する．エージェントは次の状態と報酬を観測する．報酬は学習のために使用される）

章に対しては，結果のよし悪しの機械的な評価は困難です．皆さんも，同じようなシチュエーションで，過去にある人がいったことと同じことをいったはずなのに相手の受け取りようがまったく違った，という経験はあるでしょう．

このような人間の繊細な価値基準がからむ問題に対して，人間からのフィードバックを利用する学習プロセスの１つがRLHFです．**RLHF**（Reinforcement Learning from Human Feedback）は，強化学習における報酬値のフィードバックの部分（結果のよし悪しの評価部分）に，人間からのフィードバックを間接的に取り入れます．これは，報酬値を算出する報酬モデル（報酬関数）を，人間の嗜好や判断の教師あり学習（一般にはニューラルネットワークを使用する）で求めることによって実現します．すなわち，RLHFの報酬モデルは，AIの出力（文章生成AIの場合，回答文章）を入力とし，そのよし悪し（報酬値）を出力するものです．このモデルは人間の嗜好や判断を反映した学習データ（例えば，似たような複数のテキストに対し，好ましいと思う順に人間がランク付けしたデータ）に対して教師あり学習で訓練されます．

対話型AIにおける強化学習

対話型AIにおいて，強化学習がどのように適用されるかみてみましょう．対話型AIに強化学習を適用したときのイメージを**図 5.1**に，処理ステップを**図 5.2**に示します．なお，比較として，囲碁における適用例も示します．

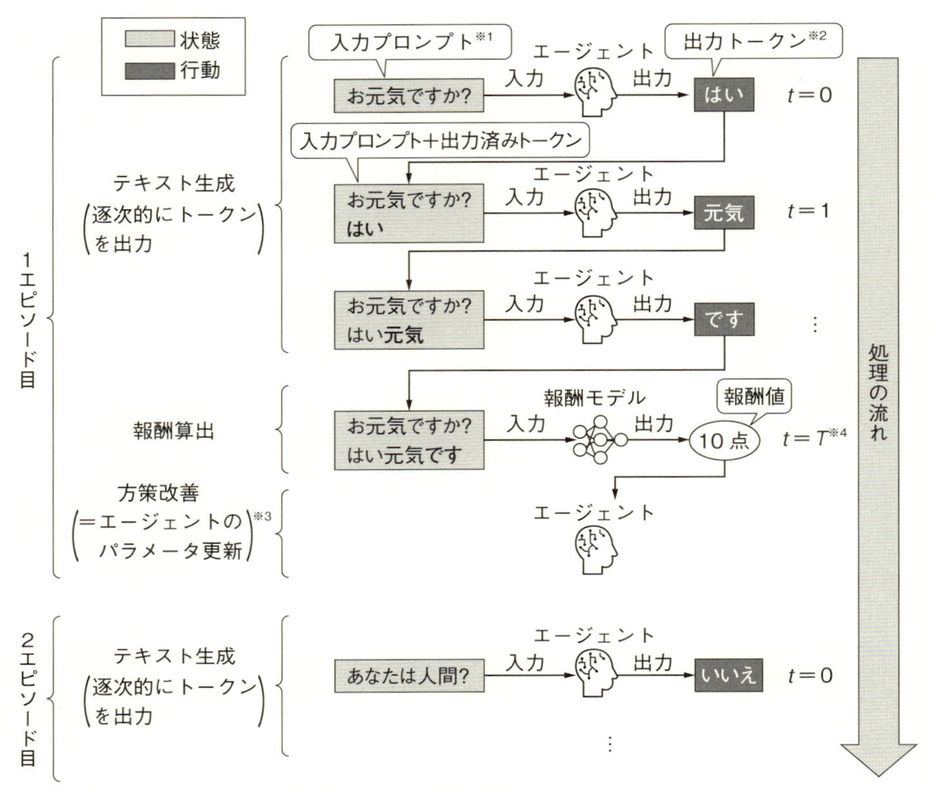

図 5.2 対話型AIにおける強化学習の処理ステップ
(図 5.1 を時間方向に展開して図示したもの)

※1 プロンプト:ユーザが対話型AIに入力するテキスト
※2 トークン:テキストをAIが処理しやすいように分割した単位
※3 方策改善のタイミング:使用するアルゴリズムや実装により異なる.今回のようにエピソード終了時の場合もあれば,環境1ステップごと(対話型AIでは1トークン出力するごと)の場合もある
※4 T:エピソード終了時の時刻

(1) 状態

囲碁では各局面(白と黒の石が置かれたゲーム途中の盤面)で2人のプレイヤが盤上に互いに石を置くことで対局が進行します.盤上に石を置く際,プレイヤは各局面で盤上の石の配置にもとづいて次に石を置く場所を決定します.そして,最終的な勝敗が決まった時点で対局が終了します.

一方,対話型AIは与えられたプロンプト(122ページ参照)に対してトークン(74ページ参照)を前から順番に1つずつ出力することで文書を出力します.トークンを1つ出力する際,対話型AIはプロンプトだけでなく,これまでに出力したトークン系列を参照します.例えばプロンプトが「明日は」，これまでに出力したトークン系列が「雨が」の場合を考えます．次に出力するトークンとしていくつもの可能性がありますが，「降りそう」というトークン[注1]は文として自然です．それに対して「食べたい」というトークンは文として不自然で，対話型AIがこのようなトークンを出力する可能性は低くなります．

以上の囲碁と対話型AIの例のように，1回の対局や文書出力の過程において，ある時点での状況を**状態**（state）といいます．これは対話型AIでは，プロンプトにAIの出力済みトークン系列を付加したテキストに相当します．囲碁では局面に相当します．

（2） 行動

ある時点で何をするかを**行動**（action）といいます．これは，対話型AIでは，次にどのトークンを出力するかに相当します．なお，囲碁では次の1手としてどこに石を打つかに相当します．

（3） 報酬

ある状態で，ある行動をとった結果のよし悪しを**報酬**（reward）といいます．これは，対話型AIでは，出力された文章のよし悪しに相当します．ある入力プロンプトに対するトークン系列の出力が完了した時点で，報酬モデルにより報酬のよし悪しが報酬値として出力されます．なお，囲碁の場合，報酬値は勝敗を表す数値（例えば，勝ち:$+1$，負け:-1，引き分け:± 0など）で表されます．

このように，最終的な結果が重要である場合，1回の試行（エピソード）の終了時にのみ報酬が発生することにします．ただし，扱う題材によっては，途中の状態・行動においても報酬を発生させたほうがよいケースも多々あります（例えば，宝探しゲームなら，宝を見つけるたびに報酬が発生するなど）．

（4） 方策

上記のように，報酬がエピソードの終了時にしか発生しない場合，エージェントは途中の状態でどのように行動を決めたらよいのでしょうか．

エージェントが，ある状態で，どのような行動をとるかの行動則を**方策**（policy）といいます．方策モデルは，エージェントが観測した現在の状態を入力，行動の選択確率分布を出力[注2]

注1　実際は「降りそう」が単一のトークンに対応するとは限らず，「降り」が1つのトークンとなる可能性があります．1トークンの定義は対話型AIが使用するトークナイザに依存します．

注2　行動の各選択肢が選ばれる確率を出力することを意味します．例えばじゃんけんの場合，（グー，チョキ，パー）それぞれの選択確率をまとめて3次元のベクトル（例えば(0.3, 0.2, 0.5)）として出力します．このベクトルは確率分布であり，選択確率の総和は1となります．

としたニューラルネットワークで表されることが一般的です．強化学習の目的は，この方策モデルを訓練することです．

特に対話型AIの方策モデルは，対話型AIに入力するプロンプトと，対話型AIから出力するトークンの系列を入力とし，次のトークンを選択する確率分布を出力するものです．

囲碁における方策モデルは，現在の盤面を入力として，盤上の交点[注3]ごとに，そこに石を打つ確率を出力します．すでに石が置かれている場所など，ルールで石を打つことができない交点は，確率を0でマスク[注4]します．ただし，AlphaZeroなどの有名な囲碁AIの方策は，モンテカルロ木探索（Monte Carlo Tree Search; MCTS）と呼ばれる技術などが使用された，より複雑なものです[48)]．

(5) エージェント

強化学習において行動や学習する主体が**エージェント**です．囲碁の場合はプレイヤ（棋士，あるいはAIの場合もあります），対話型AIの場合はAIそれ自身を指します．

エージェントは方策を包含した概念です．すなわち，方策が行動則のみを指すのに対して，エージェントは，方策の改善（報酬値とそれまでの一連の状態・行動系列から明らかとなる方策の改善）を行う役割も含んでいます．

(6) 環境

エージェントが試行錯誤する世界（ゲーム，シミュレータ，現実世界など）を**環境**といいます．環境はエージェントから行動を受け取り，現在の状態に適用して，次の状態に遷移します．同時に報酬値の計算を行い，次の状態と報酬値をエージェントに返します．

(7) サンプル

環境とエージェントの相互作用を通じて得られる状態s_t，行動a_t，報酬r_t，次の状態s_{t+1}の組を，**サンプル**（sample）といいます．

(8) エピソード

環境とエージェントの相互作用の区切りを**エピソード**といいます．なお，本書では扱いませんが，タスクによっては，エピソードがないタスクも存在します．エピソードのあるタスクを**エピソードタスク**（episode task），エピソードのないタスクを**連続タスク**（continuing task）といいます．囲碁や対話はエピソードタスク，市場取引などは連続タスクです．

注3　囲碁のルールでは，盤上の線と線が交差する点に石を打ちます．

注4　「確率を0でマスク」とは，ニューラルネットワークなどの出力値を，0で上書きすることをいいます．

エピソードタスクの強化学習では，エピソードを大量に繰り返すことにより，多様なサンプルを収集し，学習を進めます．これは，対話型AIでは，1個のプロンプトに対し，応答文を完成させるまでに相当します．また，囲碁では，1回の対局に相当します．

方策改善アルゴリズム

ここまで，強化学習においてエージェントがどのように経験を積むかについて解説してきました．ここでは，エージェントが収集したサンプルから，エージェントを賢くする（高い報酬値を得た際の一連の行動を強化する）ための具体的なアルゴリズムについて説明します．

教師あり学習では，モデルの推論結果と教師データの誤差を目的関数とし，これを最小化するようにモデルのパラメータ（通常はニューラルネットワークの重み）を更新します．一方，強化学習における方策改善では，エピソード内で得られる報酬の期待値を目的関数として表現し，目的関数の値を最大化するようにパラメータを更新します．

なお，以下はやや専門的な内容となっているため，ひとまずレシピを見たい／動かしたいという方は，5.1節の前まで読み飛ばしても問題ありません．

（1） 方策改善のための目的関数

パラメータθをもつモデルで表現される方策π_θを考えます．この方策を改善するために，累積報酬の期待値を表す次式を目的関数とし，これを最大化することを目指します．

$$J(\pi_\theta) = \mathbb{E}_{\tau \sim \pi_\theta}\left[\sum_{t=0}^{T-1} \gamma^t R(s_t,\, a_t)\right] \tag{5.1}$$

ここで$R(s_t,\, a_t)$はある状態s_tにおいて，ある行動a_tをとったときに得られる報酬，tはエピソード内での時刻を表します．γは割引率と呼ばれる係数で，1.0以下の正の値（0.95など）に設定します．式(5.1)よりγの値が小さいほど目的関数における将来の報酬の重みが小さくなることがわかります．つまり，割引率によってどれくらい遠い将来を重視するかを調整できます．

$\sum_{t=0}^{T-1}$でエピソードの開始時から終了時までの総和をとります．ここで，総和の終わりが$t = T$ではなく，$t = T - 1$である理由は，$t = T$の状態s_Tはエピソード終了時の状態であり，次の行動a_Tは存在しないので，エピソード内で得られる最後の報酬は時刻$t = T - 1$の$R(s_{T-1},\, a_{T-1})$であるからです[注5]．

注5　図5.2では，時刻$t = T$に報酬が発生しているようにみえるかもしれませんが，これは状態s_{T-1}で行動a_{T-1}をとった結果の報酬$R(s_{T-1},\, a_{T-1})$を，s_Tを用いて算出していると解釈してください．

最後に，一番外側の$\mathbb{E}_{\tau\sim\pi_\theta}$で，方策$\pi_\theta$にしたがって行動した場合に得られる軌跡$\tau$（1エピソード分のサンプル）に関する期待値を求めています．つまり，式(5.1)は，「方策をπ_θとしたときの，エピソード内で得られる割引報酬和の期待値」を表します．

教師あり学習において誤差が小さくなる方向にパラメータを動かすように，強化学習でも式(5.1)が大きくなる方向にパラメータθを動かすことで方策を訓練できます．そのためには式(5.1)のパラメータに関する微分ができる必要がありますが[注6]，式(5.1)はそのままではパラメータで微分できません．

なぜなら式(5.1)の中でθで微分できるのは，θをパラメータとして持つ方策π_θのみですが[注7]，式(5.1)の期待値計算の中身は直接的にπ_θで表現されていないためです．すなわち，$R(s_t, a_t)$は直接θをパラメータとしてもっていません．しかし，θが変われば方策π_θの挙動が変わり，それにともない$\{s_t, a_t\}_{t=1}^{T-1}$の分布が変わるため，$R(s_t, a_t)$は間接的にθに依存します．よって，θで微分する際に，$R(s_t, a_t)$を定数として無視することはできません．これらを考慮して，式(5.1)をθで微分できるように，変形あるいは近似する必要があります．

（2） PPO

式(5.1)をθで微分できるように変形，あるいは近似する方法はさまざま考えられます．例えば目的関数の微分を計算するための基本的な方法として**方策勾配定理**[50)]があります．しかし，この定理により導出される勾配を用いたアルゴリズムは実験的に不安定であることが知られています．方策勾配定理より優れた手法として，以下ではRLHFを含む幅広い応用で用いられている**PPO**（Proximal Policy Optimization）[51)]について説明します．PPOは学習の安定性，汎用性の高さ，実装の容易さなどの点において優れています．

PPOでは，式(5.1)をそのまま使用せずに，下記を実現した別の目的関数に置き換えます．これを**代理目的関数**と呼びます．

- θで微分できる形にする
- θの更新幅をクリップする（＝更新幅に上限を設ける）

1つ目の必要性は前述のとおりです．これはパラメータθで微分した勾配を使用する一般的な方策改善アルゴリズムでは必須です．

注6　ここでは勾配を用いる手法を説明していますが，目的関数の勾配を用いない最適化手法も数多く存在します．

注7　π_θを具体的に表すと，例えば，$\pi_\theta = \theta_1 x_1 + \theta_2 x_2$のようになります．これを$\theta$で微分（偏微分）すると，$\dfrac{\partial \pi_\theta}{\partial \theta} = (x_1, x_2)$となります．ただし，$x_1, x_2$は$\pi_\theta$への入力です．$\theta$で微分する際は$x_1, x_2$は定数とします．

２つ目の更新幅のクリップは，更新幅が大きくなりすぎることへの対策です．一般に強化学習では，何かの拍子にθの更新幅が大きくなりすぎると，学習が不安定になります．

上記の２点を達成するため，PPOでは，前身のアルゴリズムである**TRPO**（Trust Region Policy Optimization）[52]と同じ代理目的関数を使用します．これは次式で表されます．

$$
\begin{aligned}
L &= J(\pi_\theta) - J(\pi_{\theta_{\mathrm{old}}}) \\
&\approx \mathbb{E}_{s \sim d^{\pi_{\theta_{\mathrm{old}}}}, a \sim \pi_{\theta_{\mathrm{old}}}} \left[\frac{\pi_\theta(a|s)}{\pi_{\theta_{\mathrm{old}}(a|s)}} A^{\pi_{\theta_{\mathrm{old}}}}(s, a) \right]
\end{aligned}
\tag{5.2}
$$

ここで，$\pi_{\theta_{\mathrm{old}}}$はサンプル収集時に使用した方策，$\pi_\theta$はパラメータ更新後の方策を表します．よって，パラメータ更新前は$\pi_{\theta_{\mathrm{old}}} = \pi_\theta$です．また，$d^{\pi_{\theta_{\mathrm{old}}}}$は方策$\pi_{\theta_{\mathrm{old}}}$にしたがって行動した場合の状態$s$の出現確率です．つまり，$\mathbb{E}_{s \sim d^{\pi_{\theta_{\mathrm{old}}}}, a \sim \pi_{\theta_{\mathrm{old}}}}$は，状態$s$が$d^{\pi_{\theta_{\mathrm{old}}}}$にしたがい，行動$a$が方策$\pi_{\theta_{\mathrm{old}}}$にしたがう場合に得られるサンプルの期待値を表します．$A(s, a)$は**アドバンテージ関数**と呼ばれるもので，状態sにおける行動aの相対的な価値を表します．一般にアドバンテージ関数はニューラルネットワークで表現され，θの更新と同じタイミングでパラメータの更新が行われます．

最初に，式(5.2)がθで微分可能であることを確認してみましょう．式(5.2)の２行目でθに依存する部分はπ_θのみなので，θで微分する際はπ_θ以外の部分はすべて定数と見なせます．実際，式(5.2)の$A(s, a)$は式(5.1)の$R(s_t, a_t)$に近い役割をしますが，こちらはθ_{old}には依存しているもののθには依存していないため，θで微分する際は定数として無視できます．したがって，π_θがθで微分可能であれば，式(5.2)全体がθで微分可能です．

次に，θの更新幅のクリップについて簡単に説明します．式(5.2)には$\dfrac{\pi_\theta}{\pi_{\theta_{\mathrm{old}}}}$という，更新前の方策$\pi_{\theta_{\mathrm{old}}}$と更新後の方策$\pi_\theta$の，比の形があります．PPOでは，式(5.2)において，$\dfrac{\pi_\theta}{\pi_{\theta_{\mathrm{old}}}}$の比を$1 \pm \varepsilon$（$\varepsilon$には0.2などの値が使用されます）の範囲にクリップ（$= \dfrac{\pi_\theta}{\pi_{\theta_{\mathrm{old}}}}$の上限と下限を$1 \pm \varepsilon$に設定）できます．これによって，方策$\pi_\theta$が方策$\pi_{\theta_{\mathrm{old}}}$から離れすぎないように制限をかけることで，１回のパラメータ更新における更新幅が制限され，学習が安定します[注8]．

以上，PPOで使用される目的関数について簡単に説明しました．本書ではこれ以上のPPOの詳細については割愛します．さらに詳しく知りたい方は原論文等を参照してください．

注8　前身のアルゴリズムであるTRPOにおいても，方策π_θが方策$\pi_{\theta_{\mathrm{old}}}$からかけ離れすぎないように制限をかけるしくみがありましたが，実装が複雑であったり，処理が特殊なため機械学習の一般的な工夫が取り入れにくくなったりなどのデメリットがありました[51]．PPOでは，このクリップの導入により，パラメータ更新における更新幅を適切に制限することと，実装をシンプルにすることを両立しています．

FINE TUNING RECIPES

ポジティブな文生成のファインチューニング

ここでは既存の文書生成AIの出力をポジティブな文にするファインチューニングレシピを説明します．ポジティブな文生成とは，Chapter 3で使用したMARC-jaデータセット（69ページ参照）に含まれるポジティブなレビューのような文を生成するタスクです．

このレシピはライブラリ`trl`のリポジトリにあるものを日本語に対応させたものです．

レシピの概要

データセット

Chapter 3と同じくMARC-jaを使用します．ただし，データセットに含まれるラベルは使用せず，文のみを使用します．各文章は冒頭からランダムな長さに切り取られ，訓練対象となるモデルに与えられます．

モデル

RLHFにはファインチューニングの対象となる事前学習済みモデルと，生成文のよさを評価する報酬モデルの２つのモデルを使用します．

このレシピでは事前学習済みモデルには，LINE（株）（現 LINEヤフー（株））のNLP Foundation Devチームによって開発された**japanese-large-lm-1.7b**[注9]を使用します．同社のブログによると，このモデルの特徴は同社独自の高品質な大規模日本語Webコーパス（66ページ参照）で訓練されている点です．そのような大規模で高品質なコーパスの構築のために独自のOSS（46ページ参照）によるフィルタリングが利用されています．

注9　`https://huggingface.co/line-corporation/japanese-large-lm-1.7b`　（2024年８月現在）

報酬モデルには，**luke-japanese-base-marcja**注10を使用します．これは基盤モデルをMARC-jaの文書分類（「ポジティブ」「ネガティブ」の２値）に対してファインチューニングしたもので，与えられた文がポジティブかどうかの確率を出力します．この「文がポジティブである確率」を報酬とみなします．つまり，分類タスクのモデルが出力する各生成文がポジティブな場合に報酬が高くなります．ただし，学習時には事前学習済みモデルとの乖離を防ぐための項がもとの報酬に加算されます．

学習手法

事前学習済みモデルのファインチューニングにはChapter 4と同じくLoRA（145ページ参照）を使用します．強化学習のために訓練データと報酬モデルからミニバッチを次の手順で作成します．

① 訓練データに含まれる例文の冒頭の部分を，ファインチューニングの対象となる事前学習済みモデルに与え，その続きを生成させる
② 報酬モデルが生成された文に対して報酬を計算する
③ 生成された文と報酬をまとめてミニバッチとする

このミニバッチに対して，PPOによって計算されたパラメータ勾配を用いてLoRAで追加されたパラメータを更新します．この手順を繰り返すことで学習を行います．

実装にはライブラリ`trl`を使用します．ライブラリ`trl`にはRLHFを実装するために必要なクラスや関数が含まれます．

その中で`PPOTrainer`クラスが重要な役割を果たします．すなわち，`PPOTrainer`クラスに事前学習済みモデル，Data Collator（161ページ参照），そのほかの設定値を与えてインスタンス化し，ミニバッチを`step()`メソッドに渡して学習ステップを実行します．これを繰り返すことによってモデルを学習します．

事前準備 1 Hugging Face HubとWeights & Biasesのアカウント作成

ファインチューニング済みモデルを保存するために，Hugging Face Hubを使用します．このために

`https://huggingface.co/`　（2024年８月現在）

注10　`https://huggingface.co/Mizuiro-sakura/luke-japanese-base-marcja`　（2024年８月現在）

にアクセスしてユーザ登録を行い，アクセストークンを作成しておく必要があります．また，学習曲線などのログを記録するためにWeights & Biasesが提供するwandbを使用します．このためには

https://www.wandb.jp/　（2024年8月現在）

にアクセスしてユーザ登録を行い，アクセストークンを作成しておく必要があります．

事前準備2 ライブラリのインストール

必要なライブラリをインストールします．Google Colabで実行する場合，「ライブラリのインストール」のセルを実行してください．

Google Colab以外の環境で実行する場合は，筆者がライブラリのインストール実行時に利用したバージョンとライブラリを以下に記載しますので，これを参考に事前にインストールしてください．

- transformers：4.35.2
- trl[peft]：0.7.10 （[peft] オプションを指定します）
- wandb：0.16.2
- sentencepiece：0.1.99
- accelerate：0.26.1
- bitsandbytes：0.42.0

事前準備3 Weights & BiasesおよびHugging Face Hubへのログイン

次のコマンドでWeights & Biasesにログインします．コマンドの実行後，アクセストークンの入力が求められますので，Weights & Biasesのユーザプロファイルのページを開き，アクセストークンをコピーして入力欄に貼り付け，エンターキーを押下します．

chapter5/1_rhlf-train.ipynb

```
1  import wandb
2  wandb.init()
```

同様に，以下のコマンドでHugging Face Hubにログインします．そして，Hugging Face Hubのユーザプロファイルからアクセストークンをコピーして入力欄に貼り付け，ログインボタンをクリックします．

chapter5/1_rhlf-train.ipynb

```
1  from huggingface_hub import notebook_login
2  notebook_login()
```

事前準備 4 データセットの準備

Hugging Face Hub上のデータセットやモデルの名前を定義します．これらの変数は後で使用されます．

chapter5/1_rhlf-train.ipynb

```
1  rm_name = 'Mizuiro-sakura/luke-japanese-base-marcja' # 報酬モデルの名前
2  model_name = 'line-corporation/japanese-large-lm-1.7b' # ファインチューニングするモデル名
3  dataset_name, subset_name = 'shunk031/JGLUE', 'MARC-ja' # データセットの名前
4  save_model_name = 'rlhf-line-marcja'
```

データセットを作成する関数を定義します．この関数によりHugging Face Hubからもととなるデータセットをダウンロードします．データセットに含まれる文はその冒頭がランダムな長さで切り取られ，ファインチューニング対象となるモデルのトークナイザでトークン列に変換されます．切り取る長さをランダムに選ぶためLengthSamplerクラスを使用します．

chapter5/1_rhlf-train.ipynb

```
1  def build_dataset(model_name, dataset_name, subset_name=None, split="train",
2                    input_min_text_length=2, input_max_text_length=8):
3      # トークナイザをロード
4      tokenizer = AutoTokenizer.from_pretrained(model_name)
5      tokenizer.pad_token = tokenizer.eos_token
6
7      # データセットをロード，長さが200以上のサンプルを残す
8      ds = load_dataset(dataset_name, split=split, name=subset_name)
9      ds = ds.rename_columns({"sentence": "review"})
10     ds = ds.filter(lambda x: len(x["review"]) > 200, batched=False)
11
12     # 各サンプルの長さをランダムに選ぶ
13     input_size = LengthSampler(input_min_text_length, input_max_text_length)
14
15     # 入力サンプルに対して長さをランダムに選び，トークン列に変換
16     def tokenize(sample):
17         sample["input_ids"] = \
```

```
18            tokenizer.encode(sample["review"])[: input_size()]
19        sample["query"] = tokenizer.decode(sample["input_ids"])
20        return sample
21
22    ds = ds.map(tokenize, batched=False)
23    ds.set_format(type="torch")
24    return ds
```

この関数を実行し，RLHFで使用するデータセットを取得します．サンプル数は約70000です．

chapter5/1_rhlf-train.ipynb

```
1  dataset = build_dataset(model_name, dataset_name)
```

事前準備 5 事前学習済みモデルの読み込み

上で定義した事前学習済みモデルのパラメータを用いてAutoModelForCausalLMWithValueHeadクラスを初期化します．Chapter 4と同様に，更新するパラメータ数を減らすためLoRAを使用します．このクラスは値の出力と言語生成を担う2つの出力層をもつモデルを表します．このクラスのfrom_pretrained()メソッドに事前学習済みモデルの名前とLoRAの設定を与えます．また，後で使うため事前学習済みモデルのトークナイザも初期化します．

chapter5/1_rhlf-train.ipynb

```
1  lora_config = LoraConfig(
2      r=16,
3      lora_alpha=32,
4      lora_dropout=0.05,
5      bias="none",
6      task_type="CAUSAL_LM",
7  )
8
9  model = AutoModelForCausalLMWithValueHead.from_pretrained(
10     model_name,
11     peft_config=lora_config,
12 )
13 tokenizer = AutoTokenizer.from_pretrained(model_name)
14 tokenizer.pad_token = tokenizer.eos_token
```

事前準備⑥ 報酬モデルの読み込み

感情分析用に学習されている文書分類モデルを，引数 sentiment-analysis を与えて読み込みます．これをそのまま報酬モデルとして使用します．

chapter5/1_rhlf-train.ipynb

```
1  sentiment_pipe = pipeline("sentiment-analysis", model=rm_name, device=0)
```

ファインチューニングの実装

（1） 学習条件の設定

RLHF の学習ステップを実装した PPOTrainer クラスのインスタンスを作成します．事前学習済みモデル名，学習係数，ログの出力先（ここでは Weights & Biases を表す wandb の文字列）などの設定をコンストラクタに渡します．

chapter5/1_rhlf-train.ipynb

```
1   def collator(data):
2       return dict((key, [d[key] for d in data]) for key in data[0])
3
4   config = config = PPOConfig(
5       model_name,
6       learning_rate=1.41e-5,
7       log_with="wandb",
8   )
9   ppo_trainer = PPOTrainer(config, model, tokenizer=tokenizer,
10                           dataset=dataset, data_collator=collator)
```

（2） ファインチューニングの実行

報酬モデルと PPOTrainer クラスを用いて学習を実行します．これは「学習手法」（193 ページ参照）で説明したとおり，ミニバッチ計算とモデルパラメータの更新を繰り返すことで行われます．各学習ステップでは，具体的には以下の処理を実行します（最初の２つの手順でミニバッチが得られます）．

- データセットに含まれる文の冒頭をクエリ[注11]とし，訓練対象のモデルがその続きを生成
- クエリを含む生成された文に対する報酬（感情スコア）を計算
- 学習ステップを実行し，モデルパラメータを更新

筆者の場合，約70000のサンプル数に対し，NVIDIA A100 GPUで学習に11時間程度の時間がかかりました．なお，学習中もWeights & BiasesのWebサイトで学習曲線を確認できます（**図5.3**）．

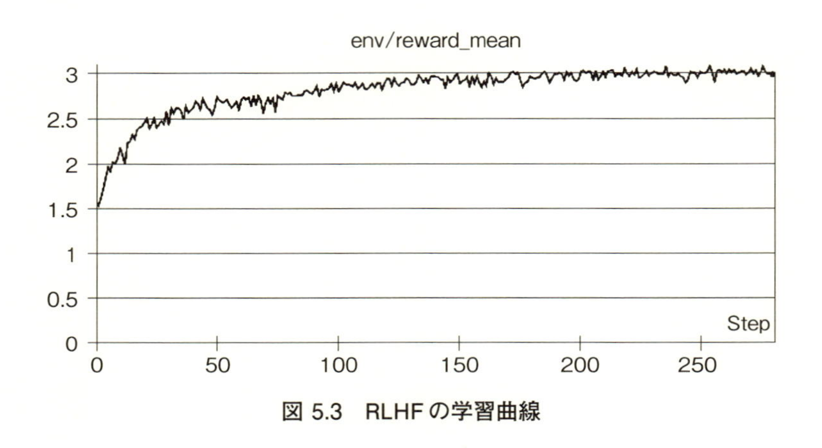

図 5.3　RLHFの学習曲線

chapter5/1_rhlf-train.ipynb

```
# 感情分析パイプラインのパラメータ
sent_kwargs = {
    "return_all_scores": True,
    "function_to_apply": "none",
    "batch_size": 16
}

# 生成文の長さをランダムに選択
output_min_length = 4
output_max_length = 16
output_length_sampler = LengthSampler(output_min_length, output_max_length)

# 文書生成パイプラインのパラメータ
```

注11　ここでは，モデルが文を生成する際の条件として与える情報を一般化したものを指します．プロンプトと似ていますが，プロンプトのように何かしらの明確な意図があるとは限りません．例えば「明日の」を冒頭とする文を生成してほしい場合，「明日の」というテキスト（をトークン系列に変換したもの）がクエリ（query）となります．

```
14 generation_kwargs = {
15     "min_length": -1,
16     "top_k": 0.0,
17     "top_p": 1.0,
18     "do_sample": True,
19     "pad_token_id": tokenizer.eos_token_id,
20 }
21
22 for epoch, batch in tqdm(enumerate(ppo_trainer.dataloader)):
23     query_tensors = batch["input_ids"]
24
25     # 文書生成
26     response_tensors = []
27     for query in query_tensors:
28         gen_len = output_length_sampler()
29         generation_kwargs["max_new_tokens"] = gen_len
30         response = ppo_trainer.generate(query, **generation_kwargs)
31         response_tensors.append(response.squeeze()[-gen_len:])
32     batch["response"] = \
33         [tokenizer.decode(r.squeeze()) for r in response_tensors]
34
35     # 報酬（感情スコア）の計算
36     texts = [q + r for q, r in zip(batch["query"], batch["response"])]
37     pipe_outputs = sentiment_pipe(texts, **sent_kwargs)
38
39     assert pipe_outputs[0][0]["label"] == "LABEL_0"
40     rewards = [torch.tensor(output[0]["score"]) for output in pipe_outputs]
41
42     # PPO学習ステップ
43     stats = ppo_trainer.step(query_tensors, response_tensors, rewards)
44     ppo_trainer.log_stats(stats, batch, rewards)
```

(3) モデルの保存

最後にファインチューニング済みのモデルをHugging Face Hubに保存します.

chapter5/1_rhlf-train.ipynb

```
1 ppo_trainer.save_pretrained(save_model_name, push_to_hub=True)
```

評価

RLHFの適用前後での生成文の変化を確認します．また，それぞれの生成文に対する報酬も比較します．

ファインチューニング済みモデルの読み込み

結果を確認するため，RLHFの適用前後の２つのモデルについて，次のコードで文書生成パイプライン（81ページ参照）を作成します．ただし，user_nameはHugging Face Hubに作成した読者ご自身のアカウント名で置き換えてください．

chapter5/2-2_rhlf-eval.ipynb

```
model1_name = 'line-corporation/japanese-large-lm-1.7b'
model2_name = 'user_name/rlhf-line-marcja'

pipe1 = pipeline('text-generation',
                 model=AutoModelForCausalLM.from_pretrained(model1_name),
                 tokenizer=AutoTokenizer.from_pretrained(model1_name)
                 )
pipe2 = pipeline('text-generation',
                 model=AutoModelForCausalLM.from_pretrained(model2_name),
                 tokenizer=AutoTokenizer.from_pretrained(model2_name)
                 )
```

推論

検証に使用するデータを読み込みます．

chapter5/2-2_rhlf-eval.ipynb

```
dataset = build_dataset(model1_name, dataset_name, subset_name=subset_name,
                        split="validation")
```

次のコードで，データセット・パイプライン・報酬モデルから生成文と報酬を計算して，データフレームにまとめる関数を定義します．ただし，計算時間を節約するため，評価対象のサンプル数を100で打ち切っています．

chapter5/2-2_rhlf-eval.ipynb

```
def evaluate(dataset, pipe1, pipe2, sentiment_pipe):
    reward1, reward2, text1, text2 = [], [], [], []

    for i, text in enumerate(tqdm(dataset)):
        out1 = pipe1(text["query"], do_sample=False,
                     pad_token_id=pipe1.tokenizer.pad_token_id)
        out2 = pipe2(text["query"], do_sample=False,
                     pad_token_id=pipe2.tokenizer.pad_token_id)
        t1 = out1[0]["generated_text"]
        t2 = out2[0]["generated_text"]
        r1 = sentiment_pipe(t1)[0]["score"]
        r2 = sentiment_pipe(t2)[0]["score"]
        reward1.append(r1)
        reward2.append(r2)
        text1.append(t1)
        text2.append(t2)
        if i > 100:
            break

    df = pd.DataFrame({"reward1": reward1, "reward2": reward2,
                       "text1": text1, "text2": text2})
    return df
```

以上を実行した結果を次のコードでデータフレームに格納します．

chapter5/2-2_rhlf-eval.ipynb

```
df = evaluate(dataset, pipe1, pipe2, sentiment_pipe)
```

✔ 結果の確認

図 5.4 で報酬分布を確認すると，ファインチューニング前のモデルによる生成文の報酬は0.5から1まで幅広く分布しているのに対し，ファインチューニング後のモデルの報酬は0.9以上に偏っています．1エピソードで得られる報酬が顕著に増加しており，所望の結果が得られていることがわかります．

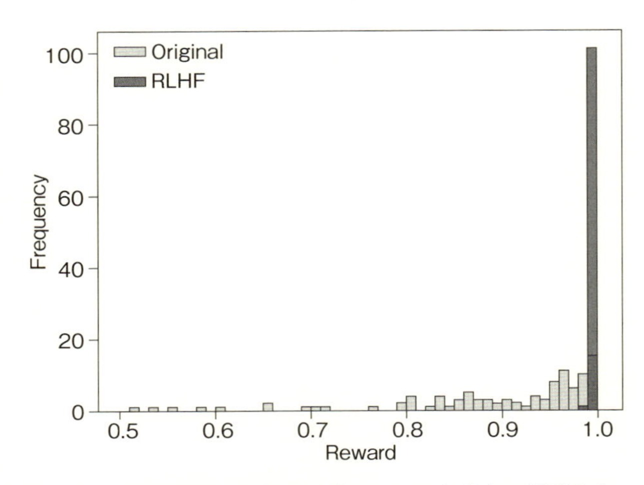

図 5.4　RLHF 適用前後のモデルによる生成文の報酬分布
（Original：もとのモデルが生成する文に対して計算した報酬,
RLHF：ファインチューニング済みモデルに対して計算した報酬）

2つのモデルの生成文をいくつか確認すると，ファインチューニング済みモデルのほうが肯定的な文を生成していることがわかります（**表 5.1**）．ただし，モデルに与えられるクエリが短く，文脈に関する情報はほとんどないため，2つのモデルが生成する文の意味が異なっています．このような課題を解決するためには，Chapter 4 で説明したようなプロンプトの工夫と組み合わせることなどが必要です．

表 5.1　RLHF 適用前後のモデルによる生成文の比較
（太字がモデルにより生成された文を表す．もとの生成文にある改行コードは省略している）

RLHF 適用前	RLHF 適用後
アクションが多く、一回観た**だけでは理解しきれない部分も多い。**	アクションが多く、一回観た**だけでも楽しめる作品でした。**
戦争は悪いこと。戦争**は、絶対にしてはいけないこと。**	戦争は悪いこと。戦争**の悲惨さを伝える貴重な作品だと思います。**
否定的な意見を書けば「参考**にならない」と批判される。**	否定的な意見を書けば「参考**」になり、とても参考になります。**
分析的な感想が多く**、感情の起伏が激しかったり、怒りや悲しみを表に出したりと、感情が揺れ動くタイプ。**	分析的な感想が多く**、とても参考になりました。**
先祖が魔女に**呪われたから、呪いを解いて欲しいと。「...... なるほど」 魔女の呪いを解くには、**	先祖が魔女に**殺された悲しみを見事に表現している。**

応用レシピ

報酬モデルのカスタマイズ

今回のレシピでは，訓練済みの文書分類モデルを報酬モデルとして使用しましたが，報酬モデルは独自に作成することも可能です．例えば，1つの文に対する好ましさがラベルやスコアとして付与されているデータセットがあれば，教師あり学習でモデルを1から学習し，そのスコアを報酬として用いることができます．しかし，データセットに含まれるそれぞれの文に対して好ましさを定量的，かつ一貫した方針で与えることは難しい場合があります．これは，人によってある文の好ましさの評価にばらつきがあること，また，同一人物でも時間や状態に応じてある文の好ましさの評価にばらつきが生じることから理解できるでしょう．

一方，2つの文の組に対して，どちらがより好ましいかを判断するのであれば，評価のばらつきは小さいと考えられます．ここでは例としてMARC-jaデータセットに含まれるポジティブなレビューとネガティブなレビューの比較にもとづいて報酬モデルを訓練する方法を説明します．

ライブラリ`trl`には，このような利用を想定した1対比較のデータから報酬モデルを学習するアルゴリズムが実装された`RewardTrainer`クラスが用意されています．Hugging Face Hubの公式ドキュメント[注12]によると，デフォルトでこのクラスに対する入力は以下の要素で構成されます．

- `input_ids_chosen`： 好ましい文のトークン列
- `attention_mask_chosen`：好ましい文のアテンションマスク
- `input_ids_rejected`：好ましくない文のトークン列
- `attention_mask_rejected`：好ましくない文のアテンションマスク

ここで，**アテンションマスク**とはモデル中のアテンション（65ページを参照）を計算する層において入力のマスクとして働くものです．これは，長さが異なる複数のトークン列の長さをそろえることと，文の生成時に未来の情報を使わないようにするために必要です．

まず報酬モデルの訓練のため，MARC-jaデータセットから上記の要素をもつデータセットを作成する関数を次のコードで定義します．この関数はMARC-jaデータセットを正例と負例に分割し，それぞれからランダムに選択した文を組とします．

注12 `https://huggingface.co/docs/trl/main/en/reward_trainer` （2024年8月現在）

chapter5/3_train-reward-model.ipynb

```
def preprocess(dataset, tokenizer, n_pairs=10000):
    # 正例と負例に分割
    pos, neg = [], []
    for item in tqdm(ds):
        if item['label'] == 0:
            pos.append(item['sentence'])
        else:
            neg.append(item['sentence'])
    print("Num of samples pos {}: neg {}".format(len(pos), len(neg)))

    # トークナイズ
    pos_ids, pos_masks = [], []
    for text in tqdm(pos):
        tokenized = tokenizer(text, return_tensors='pt', truncation=True)
        pos_ids.append(tokenized['input_ids'].squeeze(0))
        pos_masks.append(tokenized['attention_mask'].squeeze(0))

    neg_ids, neg_masks = [], []
    for text in tqdm(neg):
        tokenized = tokenizer(text, return_tensors='pt')
        neg_ids.append(tokenized['input_ids'].squeeze(0))
        neg_masks.append(tokenized['attention_mask'].squeeze(0))

    # サンプリング
    rng = np.random.default_rng(seed=42)
    ixs_pos = rng.choice(len(pos), size=n_pairs)
    ixs_neg = rng.choice(len(neg), size=n_pairs)

    examples = []
    for ix_pos, ix_neg in zip(ixs_pos, ixs_neg):
        examples.append({
            'input_ids_chosen': pos_ids[ix_pos],
            'attention_mask_chosen': pos_masks[ix_pos],
            'input_ids_rejected': neg_ids[ix_neg],
            'attention_mask_rejected': neg_masks[ix_neg],
        })

    return examples
```

次のコードでMACR-jaデータセットをこの関数に渡して1対比較のデータセットを作成します．

chapter5/3_train-reward-model.ipynb

```
tokenizer = AutoTokenizer.from_pretrained(base_model_name)
dataset = preprocess(ds, tokenizer)
```

次に，RewardTrainerクラスを使用するために必要な準備をします．事前学習済みモデルでAutoModelForSequenceClassificationクラスを初期化し，LoRAのパラメータを定義します．

chapter5/3_train-reward-model.ipynb

```
model = AutoModelForSequenceClassification.from_pretrained(base_model_name)
tokenizer.pad_token = tokenizer.eos_token
model.config.pad_token_id = tokenizer.eos_token_id

peft_config = LoraConfig(
    task_type=TaskType.SEQ_CLS,
    inference_mode=False,
    r=8,
    lora_alpha=32,
    lora_dropout=0.1,
)
```

また，RewardTrainerクラスのパラメータを定義します．

chapter5/3_train-reward-model.ipynb

```
reward_config = RewardConfig(
    output_dir="output",
    per_device_train_batch_size=64,
    num_train_epochs=10,
    gradient_accumulation_steps=16,
    learning_rate=1.41e-5,
    report_to="wandb",
    remove_unused_columns=False,
    optim="adamw_torch",
    logging_strategy="steps",
    logging_steps=1,
    max_length=512,
    seed=42,
)
```

最後にRewardTrainerクラスのインスタンスを作成し，学習を実行します．

chapter5/3_train-reward-model.ipynb

```
trainer = RewardTrainer(
    model=model,
    args=reward_config,
    tokenizer=tokenizer,
    train_dataset=dataset,
    peft_config=peft_config,
)

trainer.train()
```

以上の手順で学習したモデルはそのままRLHFの報酬モデルとして使用することができます．

それでは，先のレシピで使用した文書分類モデルと，この応用レシピで作成した報酬モデルのスコアを比較します．**図 5.5** をみると，ばらつきが大きいものの，2つのモデルのスコアが正の相関を示すことが確認できます．

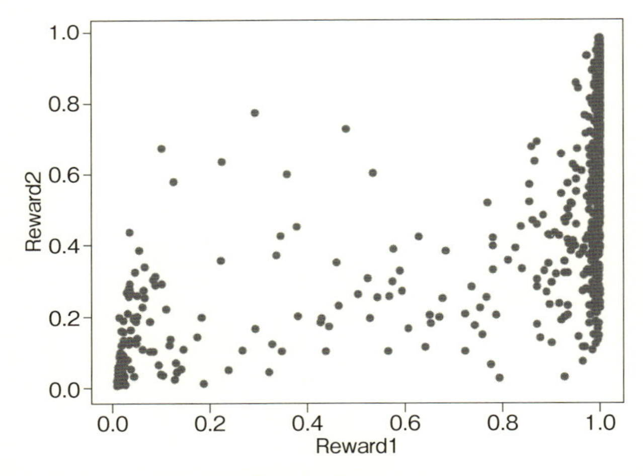

図 5.5　先のレシピで使用した文書分類モデル（横軸）と1対比較データセットで学習した報酬モデル（縦軸）のスコアの比較
（1つの点が1つの文に対応している）

発展的な話題

本Chapterでは RLHF の考え方と文書生成 AI における基本的な使用方法をみてきました．しかし，RLHF に関連した新しい手法は次々と登場しています．

例えば，文献 53) で提案されている手法では，1対比較のデータに対して，報酬モデルを明示的に学習することなく，かつ，PPOよりも安定してモデルを訓練することが可能です．

また，文献 54)では，テキストから画像を生成する拡散モデルに対する強化学習が提案されています．この手法は出力画像の圧縮率，審美性，入力テキストとの類似性などのさまざまな指標を複数の報酬モデルとすることで，教師あり学習よりも効率的にファインチューニングを実施することを可能としています．これらの手法も trl ライブラリに実装されています．

今後も次々と新しい手法が生まれて各種ライブラリに実装されていくと思われますが，使う側の心得として，手法をブラックボックスとして扱うだけでなく，本Chapterの前半で示したような学習の原理の理解は，実務において手法を適切に使用するうえで重要と考えられます．また，報酬モデルの工夫によっても新たな応用が生まれることが期待されます．

COLUMN

方策ベースと価値ベースの強化学習

強化学習の手法は方策ベースと価値ベースに分類できます．方策ベースの手法は方策を陽にニューラルネットワーク等のモデルで表現します．一方，価値ベースの手法はある状態でとりうる各行動の価値（行動価値）を推定する**行動価値関数**（action-value function）をモデルで表現し，各行動に対して推定された価値が最も高い行動を選択することで間接的に方策を定義します．なお，方策ベースの方法でも内部的には行動価値関数の学習が行われることがよくあります．

式 (5.1) の目的関数は方策モデルのパラメータ θ が明示されており，方策ベースの手法を念頭に置いています．一方，価値ベースの手法の場合，式 (5.1) の目的関数とは異なる形の目的関数を用いるのが一般的です．詳しくは文献 49)などを参照してください．

MEMO

Appendix　評価指標

A.1　２値分類の評価指標

２値分類（binary classification）とは，あるデータを正常と異常に分類するようなタスクのことです．このタスクのモデルは通常，正解率，適合率，再現率，F値などの評価指標を用いて精度が確認されます．

A.1.1　混同行列

混同行列（confusion matrix）とは，正解と予測の分類結果をまとめた表です．例を**表 A.1** に示します．混同行列の各項目は次の意味をもちます．

- 真陽性（true positive; TP）：正解が「陽性」であるものを，陽性と「正しく」予測した数
- 偽陽性（false positive; FP）：正解が「陰性」であるものを，陽性と「誤って」予測した数
- 偽陰性（false negative; FN）：正解が「陽性」であるものを，陰性と「誤って」予測した数
- 真陰性（true negative; TN）：正解が「陰性」であるものを，陰性と「正しく」予測した数

A.1.2　正解率

正解率は次式で定義されます．

$$\text{正解率} = \frac{\text{真陽性} + \text{真陰性}}{\text{真陽性} + \text{偽陽性} + \text{偽陰性} + \text{真陰性}}$$

いいかえれば，正解率は，「すべての予測のうち，正解した割合」です．非常にわかりやすい評価指標ですが，陽性または陰性に偏りのあるデータに対しては有効な評価指標ではありません．例えば，異常データが10件，正常データが990件のケースにおいて，**表 A.2** の結果が得られたとしましょう．このとき，正解率は

$$\text{正解率} = \frac{2 + 989}{2 + 8 + 1 + 989} \approx 0.99$$

となります．10件の異常が発生しているにもかかわらず，モデルは２件の異常しか正しく予測できていません．それに対して，正解率が高すぎることがわかります．

表 A.1　混同行列

		予測	
		陽性	陰性
正解	陽性	真陽性	偽陰性
	陰性	偽陽性	真陰性

表 A.2　混同行列の例

		予測	
		異常あり	異常なし
正解	異常あり	2	8
	異常なし	1	989

このため，データに偏りがある場合の評価指標には，正例を正しく予測できる割合と負例を正しく予測できる割合の平均をとる次式の**バランス正解率**や，適合率，再現率などを用います．表 A.2 の例において，バランス正解率は約 0.60 となり，推論の性能が低い異常の影響が数値に表れています．

$$\text{バランス正解率} = \frac{1}{2}\left(\frac{\text{真陽性}}{\text{真陽性} + \text{偽陰性}} + \frac{\text{真陰性}}{\text{偽陽性} + \text{真陰性}}\right)$$

A.1.3　適合率

適合率は次式で定義されます．

$$\text{適合率} = \frac{\text{真陽性}}{\text{真陽性} + \text{偽陽性}}$$

いいかえれば，適合率は，「陽性と予測したもののうち，確かに陽性である割合」です．これは，予測結果が誤って陽性と判断されると困る場合に有効な評価指標です．

表 A.2 の場合，異常と予測した 3 件のうち，2 件を異常と正しく予測できたので

$$\text{適合率} = \frac{2}{2+1} \approx 0.67$$

と求まります．

A.1.4　再現率

再現率は次式で定義されます．また，真陽性率，検出率，感度とも呼ばれます．

$$\text{再現率} = \frac{\text{真陽性}}{\text{真陽性} + \text{偽陰性}}$$

いいかえれば，再現率は「正解が陽性であるもののうち，正しく陽性と予測できた割合」です．この評価指標は，先の適合率と逆に，誤って陰性と判断されると困る場合に有効な評価指標です．例えば，異常検知のように異常データを見逃したくない場合には，この再現率が高いモデルが望ましいといえます．表 A.2 の例では，異常データ 10 件中，2 件を異常と正しく予測できたので

$$\text{再現率} = \frac{2}{2+8} = 0.2$$

となります．

また，適合率と再現率にはトレードオフの関係があり，適合率を優先すると再現率が下がり，再現率を優先すると適合率が下がる傾向があります．つまり，異常の見逃しを少なくするためには異常なのか怪しいデータもとりあえず異常とみなせばよいわけです．このとき，再現率は高くなります．しかし，その結果，本当は正常なのに異常と判断されるデータが多くなります．このとき，適合率は下がります．

A.1.5　偽陽性率

偽陽性率は次式で定義されます．

$$偽陽性率 = \frac{偽陽性}{偽陽性 + 真陰性}$$

いいかえれば，偽陽性率は「正解が陰性であるもののうち，誤って陽性と予測できた割合」です．

A.1.6　F値

F値は次式で定義されます．

$$\begin{cases} \mathrm{F}_1値 = \dfrac{2 \times 再現率 \times 適合率}{再現率 + 適合率} \\ \mathrm{F}_\beta値 = \dfrac{(1+\beta^2) \times 再現率 \times 適合率}{再現率 + \beta^2 \times 適合率} \end{cases}$$

いいかえれば，F値は「適合率と再現率を１つにまとめて評価する評価指標」です．また，上記のとおり，F値にはF_1値（F_1-measure，F_1-score）とF_β値（F_β-measure，F_β-score）の２つがあります．

F_1値は，「適合率と再現率を同じ価値で評価」する評価指標で，このため，適合率と再現率の調和平均を計算しています．

対して，F_β値は，F_1値に再現率をどれくらい重要視するかを意味する係数βを乗じており，「適合率と再現率に重要度を付けて評価」する評価指標です．例えば，異常検知にて見逃しを少なくしたいのであれば，βを１よりも大きい値に設定したF_β値を評価指標にするとよいでしょう．

A.1.7　ROC曲線とAUC

（1）　ROC曲線

ROC曲線（Receiver Operating Characteristic curve）とは，陽性か陰性かを設定するための**しきい値（カットオフ値）**を見つけるために利用する曲線のことです．具体的には，図A.1のように，縦軸に再現率（感度），横軸に偽陽性率をとり，しきい値を０から１に変化させたときの値をプロットしたものです．一般に，ROC曲線が左上に寄っているほど，よいモデルであるとみなされます．

個々のタスクの目的によって適切なしきい値は変わりますが，以下の２つの選び方が代表的です．

- **左上からの距離が最小になるROC曲線上の点**
  - 縦軸（再現率）と横軸（偽陽性率）のバランスを最適化するためのしきい値
- **対角線からの距離が最大になるROC曲線上の点（Youden index）**
  - 縦軸（再現率）と横軸（偽陽性率）の差を最大にするためのしきい値

図A.1では，左上からROC曲線までの最小距離は0.477，Youden indexは0.518です．

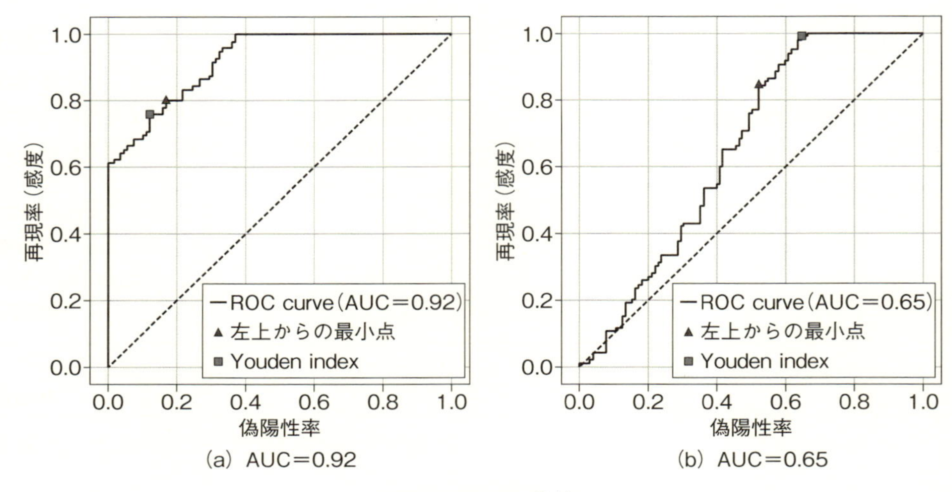

(a) AUC＝0.92　　(b) AUC＝0.65

図 A.1　ROC 曲線
（点線は $\mathrm{AUC} = 0.5$ の線）

(2) AUC

AUC（Area Under the Curve）とは，ROC 曲線における下側の領域の面積をいいます．この値は0～1の範囲をとり，1に近づくほどよいモデルとなります．この理由は，以下のように解釈できるからです．

- $\mathrm{AUC} = 1$のとき，モデルは完璧にクラスを識別できる
- $0.5 < \mathrm{AUC} < 1$のとき，モデルの性能はランダムな予測（正解率0.5）よりも優れている．さらに，1に近い値であるほどクラスの識別能力が高い
- $\mathrm{AUC} = 0.5$のとき，モデルの性能はランダムな予測（正解率0.5）と同じである．この場合，モデルはクラスを識別できないといえる
- $\mathrm{AUC} < 0.5$のとき，モデルの性能はランダムな予測（正解率0.5）よりも悪い[注1]

図 A.1 の (a) と (b) を比較すると，(a) のほうがAUCが高いため，性能のよいモデルです．また，AUC=0.5 の線（点線）に近づくほど性能が悪くなります．

A.2　マルチクラス分類の評価方法

分類したいカテゴリが3クラス以上の**マルチクラス分類**（**多クラス分類**）で用いられる評価方法について説明します．

注1　実際にはこのような状況になることは滅多にありません．

A.2.1　マクロ平均

マクロ平均（macro average）は，各クラスに対して評価指標（適合率，再現率，F値など）を個別に計算し，その平均をとる評価方法です．

この手法は，すべてのクラスが同等に重要である場合，あるいは，データセット内のクラス間で大きな不均衡がある場合に適しています．例えば，3クラスあるデータで，クラスAが10000件，クラスBが1000件，クラスCが100件のデータがあり，正解率がそれぞれクラスAは0.4（正解数：4000），クラスBは0.8（正解数：800），クラスCは0.9（正解数：90）とします．このとき，マクロ平均正解率は，次のように求められます．

$$\text{マクロ平均正解率} = \frac{0.4 + 0.8 + 0.9}{3} = 0.7$$

ここで，全体に対してデータ数が多いにもかかわらず，クラスAの正解率0.4の影響が少ないことがわかります．また，全体に対してデータ数が少ないにかかわらず，クラスCの正解率0.9の影響が大きいこともわかります．

一般に，マクロ平均を用いると，全体に対してデータが少なく，評価指標の値が高い（今回の場合，正解率が高い）クラスにおいて，実際の性能よりもモデルの精度が高くみえる傾向があることに注意してください．クラスのデータ数に応じた評価としたい場合には，ミクロ平均を評価方法として検討するのがよいでしょう．

A.2.2　ミクロ平均

ミクロ平均（micro average）は，データセット全体での予測の正確さを評価する評価方法です．このために，すべてのクラスの結果を先に集約して，全体としての評価指標（適合率，再現率，F値など）を計算します．先ほどの例で，ミクロ平均正解率は，次のように求められます．

$$\text{ミクロ平均正解率} = \frac{4000 + 800 + 90}{10000 + 1000 + 100} \approx 0.44$$

データ数が多い，クラスAの正解率である0.4に近い結果が得られました．このように，ミクロ平均ではデータが多いクラスの影響が強くなるため，クラス間のデータ数の不均衡が評価結果に大きく影響する（小さなクラスの影響が小さくなる）ことに注意してください．

また，1つのデータを複数のクラスに分類するマルチクラス分類では，ミクロの平均の適合率，再現率，F1スコアは原理的に正解率と同じ値になることに注意してください．

一方，1つのデータに複数のラベルを割り当てるマルチラベル分類では，ミクロ平均の適合率と再現率は原理的に異なります．

A.3 物体検知問題の評価指標

物体検知（object detection）とは，画像内の対象を**バウンディングボックス**[注2]で検出するタスクのことです．実際のバウンディングボックスと予測したバウンディングボックスの重なっている面積が大きいほど，精度のよいモデルといえます．

IoU（Intersection over Union）は，予測と正解のバウンディングボックスの重なり具合を以下のように計算する評価指標です．

$$\mathrm{IoU} = \frac{\text{予測と実際が重なる面積}}{\text{予測と実際の和集合の面積}}$$

すなわち，予測と正解が完全に一致すれば1となり，まったく一致していなければ0となります．

注2　画像内の特定の物体を囲む最小限の長方形のことです．物体検出や画像認識で，物体の位置と大きさを示すために使用されます．

Bibliography

1) David H. Ackley, Geoffrey E. Hinton, and Terrence J. Sejnowski. A learning algorithm for Boltzmann machines. *Cognitive Science*, Vol. 9, pp. 147–169, 1985.
2) Leggetter C.J and Woodland P.C. Maximum likelihood linear regression for speaker adaptation of continuous density hidden markov models. *Computer Speech & Language*, Vol. 9, 1995.
3) Jean-Luc Gauvain and Chin-Hui Lee. Maximum a posteriori estimation for multivariate gaussian mixture observations of markov chains. *IEEE Transactions on Speech and Audio Processing*, Vol. 2, No. 2, 1994.
4) Edward J Hu, yelong shen, Phillip Wallis, Zeyuan Allen-Zhu, Yuanzhi Li, Shean Wang, Lu Wang, and Weizhu Chen. LoRA: Low-rank adaptation of large language models. In *International Conference on Learning Representations*, 2022.
5) Xiang Lisa Li and Percy Liang. Prefix-tuning: Optimizing continuous prompts for generation. In Chengqing Zong, Fei Xia, Wenjie Li, and Roberto Navigli, editors, *Proceedings of the 59th Annual Meeting of the Association for Computational Linguistics and the 11th International Joint Conference on Natural Language Processing (Volume 1: Long Papers)*, pp. 4582–4597, Online, August 2021. Association for Computational Linguistics.
6) Brian Lester, Rami Al-Rfou, and Noah Constant. The power of scale for parameter-efficient prompt tuning. In Marie-Francine Moens, Xuanjing Huang, Lucia Specia, and Scott Wen-tau Yih, editors, *Proceedings of the 2021 Conference on Empirical Methods in Natural Language Processing*, pp. 3045–3059, Online and Punta Cana, Dominican Republic, November 2021. Association for Computational Linguistics.
7) James Kirkpatrick, Razvan Pascanu, Neil Rabinowitz, Joel Veness, Guillaume Desjardins, Andrei A. Rusu, Kieran Milan, John Quan, Tiago Ramalho, Agnieszka Grabska-Barwinska, Demis Hassabis, Claudia Clopath, Dharshan Kumaran, and Raia Hadsell. Overcoming catastrophic forgetting in neural networks. *Proceedings of the National Academy of Sciences*, Vol. 114, No. 13, p. 3521–3526, March 2017.
8) Long-Ji Lin. Self-improving reactive agents based on reinforcement learning, planning and teaching. *Machine learning*, Vol. 8, pp. 293–321, 1992.
9) Hanul Shin, Jung Kwon Lee, Jaehong Kim, and Jiwon Kim. Continual learning with deep generative replay. *Advances in neural information processing systems*, Vol. 30, 2017.
10) 画像情報教育振興協会. ディジタル画像処理. February 2020.
11) Olga Russakovsky, Jia Deng, Hao Su, Jonathan Krause, Sanjeev Satheesh, Sean Ma, Zhiheng Huang, Andrej Karpathy, Aditya Khosla, Michael Bernstein, et al. Imagenet large scale visual recognition challenge. *International journal of computer vision*, Vol. 115, pp. 211–252, 2015.
12) Alex Krizhevsky, Geoffrey Hinton, et al. Learning multiple layers of features from tiny images. 2009.
13) Kaiming He, Xiangyu Zhang, Shaoqing Ren, and Jian Sun. Deep residual learning for image recognition, 2015.
14) Etienne David, Simon Madec, Pouria Sadeghi-Tehran, Helge Aasen, Bangyou Zheng, Shouyang Liu, Norbert Kirchgessner, Goro Ishikawa, Koichi Nagasawa, Minhajul Badhon, et al. Global wheat head detection (gwhd) dataset: A large and diverse dataset of high-

resolution rgb-labelled images to develop and benchmark wheat head detection methods. *arXiv preprint arXiv:2005.02162*, 2020.

15) Wenyu Lv, Yian Zhao, Shangliang Xu, Jinman Wei, Guanzhong Wang, Cheng Cui, Yuning Du, Qingqing Dang, and Yi Liu. Detrs beat yolos on real-time object detection, 2023.
16) Tsung-Yi Lin, Michael Maire, Serge J. Belongie, Lubomir D. Bourdev, Ross B. Girshick, James Hays, Pietro Perona, Deva Ramanan, Piotr Doll'a r, and C. Lawrence Zitnick. Microsoft COCO: common objects in context. *CoRR*, Vol. abs/1405.0312, 2014.
17) Mark Everingham, Luc Van Gool, Christopher K. I. Williams, John M. Winn, and Andrew Zisserman. The pascal visual object classes (voc) challenge. *Int. J. Comput. Vis.*, Vol. 88, No. 2, pp. 303–338, 2010.
18) Alex Bewley, Zongyuan Ge, Lionel Ott, Fabio Ramos, and Ben Upcroft. Simple online and realtime tracking. 2016.
19) Jiankang Deng, Jia Guo, Niannan Xue, and Stefanos Zafeiriou. Arcface: Additive angular margin loss for deep face recognition. In *Proceedings of the IEEE/CVF Conference on Computer Vision and Pattern Recognition (CVPR)*, June 2019.
20) Sebastian Raschka, Vahid Mirjalili, 株式会社クイープ, 福島真太朗. ［第３版］Python機械学習プログラミング達人データサイエンティストによる理論と実践. インプレス, October 2020.
21) Karsten Roth, Latha Pemula, Joaquin Zepeda, Bernhard Schölkopf, Thomas Brox, and Peter Gehler. Towards total recall in industrial anomaly detection. In *Proceedings of the IEEE/CVF Conference on Computer Vision and Pattern Recognition (CVPR)*, pp. 14318–14328, June 2022.
22) Paul Bergmann, Kilian Batzner, Michael Fauser, David Sattlegger, and Carsten Steger. The mvtec anomaly detection dataset: a comprehensive real-world dataset for unsupervised anomaly detection. *International Journal of Computer Vision*, Vol. 129, No. 4, pp. 1038–1059, 2021.
23) Phillip Keung, Yichao Lu, György Szarvas, and Noah A. Smith. The multilingual amazon reviews corpus. In *Proceedings of the 2020 Conference on Empirical Methods in Natural Language Processing*, 2020.
24) Alex Wang, Amanpreet Singh, Julian Michael, Felix Hill, Omer Levy, and Samuel Bowman. GLUE: A multi-task benchmark and analysis platform for natural language understanding. In Tal Linzen, Grzegorz Chrupała, and Afra Alishahi, editors, *Proceedings of the 2018 EMNLP Workshop BlackboxNLP: Analyzing and Interpreting Neural Networks for NLP*, pp. 353–355, Brussels, Belgium, November 2018. Association for Computational Linguistics.
25) 栗原健太郎, 河原大輔, 柴田知秀. JGLUE: 日本語言語理解ベンチマーク. 言語処理学会第28回年次大会, 2022. in Japanese.
26) Jacob Devlin, Ming-Wei Chang, Kenton Lee, and Kristina Toutanova. BERT: Pre-training of deep bidirectional transformers for language understanding. In Jill Burstein, Christy Doran, and Thamar Solorio, editors, *Proceedings of the 2019 Conference of the North American Chapter of the Association for Computational Linguistics: Human Language Technologies, Volume 1 (Long and Short Papers)*, pp. 4171–4186, Minneapolis, Minnesota, June 2019. Association for Computational Linguistics.
27) Dorottya Demszky, Dana Movshovitz-Attias, Jeongwoo Ko, Alan Cowen, Gaurav Nemade, and Sujith Ravi. GoEmotions: A Dataset of Fine-Grained Emotions. In *58th Annual Meeting of the Association for Computational Linguistics (ACL)*, 2020.
28) Victor Sanh, Lysandre Debut, Julien Chaumond, and Thomas Wolf. DistilBERT, a distilled

version of BERT: smaller, faster, cheaper and lighter. *ArXiv*, Vol. abs/1910.01108, 2019.

29) Yinhan Liu, Myle Ott, Naman Goyal, Jingfei Du, Mandar Joshi, Danqi Chen, Omer Levy, Mike Lewis, Luke Zettlemoyer, and Veselin Stoyanov. RoBERTa: A robustly optimized BERT pretraining approach. *CoRR*, Vol. abs/1907.11692, 2019.
30) Rishi Bommasani and Percy Liang. Reflections on foundation models, 2021.
31) Ian J. Goodfellow, Jean Pouget-Abadie, Mehdi Mirza, Bing Xu, David Warde-Farley, Sherjil Ozair, Aaron Courville, and Yoshua Bengio. Generative adversarial networks, 2014.
32) Diederik P. Kingma and Max Welling. Auto-encoding variational bayes. In *2nd International Conference on Learning Representations, ICLR 2014, Banff, AB, Canada, April 14-16, 2014, Conference Track Proceedings*, 2014.
33) Jonathan Ho, Ajay Jain, and Pieter Abbeel. Denoising diffusion probabilistic models. In H. Larochelle, M. Ranzato, R. Hadsell, M.F. Balcan, and H. Lin, editors, *Advances in Neural Information Processing Systems*, Vol. 33, pp. 6840–6851. Curran Associates, Inc., 2020.
34) Tom Brown, Benjamin Mann, Nick Ryder, Melanie Subbiah, Jared D Kaplan, Prafulla Dhariwal, Arvind Neelakantan, Pranav Shyam, Girish Sastry, Amanda Askell, Sandhini Agarwal, Ariel Herbert-Voss, Gretchen Krueger, Tom Henighan, Rewon Child, Aditya Ramesh, Daniel Ziegler, Jeffrey Wu, Clemens Winter, Chris Hesse, Mark Chen, Eric Sigler, Mateusz Litwin, Scott Gray, Benjamin Chess, Jack Clark, Christopher Berner, Sam McCandlish, Alec Radford, Ilya Sutskever, and Dario Amodei. Language models are few-shot learners. In H. Larochelle, M. Ranzato, R. Hadsell, M.F. Balcan, and H. Lin, editors, *Advances in Neural Information Processing Systems*, Vol. 33, pp. 1877–1901. Curran Associates, Inc., 2020.
35) Alon Talmor, Jonathan Herzig, Nicholas Lourie, and Jonathan Berant. CommonsenseQA: A question answering challenge targeting commonsense knowledge. In Jill Burstein, Christy Doran, and Thamar Solorio, editors, *Proceedings of the 2019 Conference of the North American Chapter of the Association for Computational Linguistics: Human Language Technologies, Volume 1 (Long and Short Papers)*, pp. 4149–4158, Minneapolis, Minnesota, June 2019. Association for Computational Linguistics.
36) Hirokazu Kiyomaru, Hiroshi Matsuda, Jun Suzuki, Namgi Han, Saku Sugawara, Shota Sasaki, Shuhei Kurita, Taishi Nakamura, and Takumi Okamoto. llm-jp-13b-v1.0. `https://huggingface.co/llm-jp/llm-jp-13b-v1.0`, 2023.
37) Jason Wei, Xuezhi Wang, Dale Schuurmans, Maarten Bosma, brian ichter, Fei Xia, Ed Chi, Quoc V Le, and Denny Zhou. Chain-of-thought prompting elicits reasoning in large language models. In S. Koyejo, S. Mohamed, A. Agarwal, D. Belgrave, K. Cho, and A. Oh, editors, *Advances in Neural Information Processing Systems*, Vol. 35, pp. 24824–24837. Curran Associates, Inc., 2022.
38) Shunyu Yao, Jeffrey Zhao, Dian Yu, Nan Du, Izhak Shafran, Karthik Narasimhan, and Yuan Cao. ReAct: Synergizing reasoning and acting in language models. In *International Conference on Learning Representations (ICLR)*, 2023.
39) Jason Wei, Maarten Bosma, Vincent Zhao, Kelvin Guu, Adams Wei Yu, Brian Lester, Nan Du, Andrew M. Dai, and Quoc V Le. Finetuned language models are zero-shot learners. In *International Conference on Learning Representations*, 2022.
40) Masanori HIRANO, Masahiro SUZUKI, and Hiroki SAKAJI. llm-japanese-dataset v0: Construction of Japanese Chat Dataset for Large Language Models and its Methodology, 2023.
41) Alec Radford, Jong Wook Kim, Chris Hallacy, Aditya Ramesh, Gabriel Goh, Sandhini Agarwal, Girish Sastry, Amanda Askell, Pamela Mishkin, Jack Clark, Gretchen Krueger, and Ilya Sutskever. Learning transferable visual models from natural language supervision. In Ma-

rina Meila and Tong Zhang, editors, *Proceedings of the 38th International Conference on Machine Learning*, Vol. 139 of *Proceedings of Machine Learning Research*, pp. 8748–8763. PMLR, 18–24 Jul 2021.

42) O. Ronneberger, P.Fischer, and T. Brox. U-net: Convolutional networks for biomedical image segmentation. In *Medical Image Computing and Computer-Assisted Intervention (MICCAI)*, Vol. 9351 of *LNCS*, pp. 234–241. Springer, 2015. (available on arXiv:1505.04597 [cs.CV]).
43) Chenlin Meng, Yutong He, Yang Song, Jiaming Song, Jiajun Wu, Jun-Yan Zhu, and Stefano Ermon. SDEdit: Guided image synthesis and editing with stochastic differential equations. In *International Conference on Learning Representations*, 2022.
44) Dustin Podell, Zion English, Kyle Lacey, Andreas Blattmann, Tim Dockhorn, Jonas Müller, Joe Penna, and Robin Rombach. SDXL: Improving latent diffusion models for high-resolution image synthesis. In *The Twelfth International Conference on Learning Representations*, 2024.
45) Nataniel Ruiz, Yuanzhen Li, Varun Jampani, Yael Pritch, Michael Rubinstein, and Kfir Aberman. Dreambooth: Fine tuning text-to-image diffusion models for subject-driven generation. 2022.
46) Jeff Wu Daniel M. Ziegler Ryan Lowe Chelsea Voss Alec Radford Dario Amodei Paul Christiano Nisan Stiennon, Long Ouyang. Learning to summarize from human feedback. In *34th Conference on Neural Information Processing Systems (NeurIPS 2020)*, 2020.
47) Xu Jiang Diogo Almeida Carroll L. Wainwright Pamela Mishkin Chong Zhang Sandhini Agarwal Katarina Slama Alex Ray John Schulman Jacob Hilton Fraser Kelton Luke Miller Maddie Simens Amanda Askell Peter Welinder Paul Christiano Jan Leike Ryan Lowe Long Ouyang, Jeff Wu. Training language models to follow instructions with human feedback. In *36th Conference on Neural Information Processing Systems (NeurIPS 2022)*, 2022.
48) Julian Schrittwieser Ioannis Antonoglou Matthew Lai Arthur Guez Marc Lanctot Laurent Sifre Dharshan Kumaran Thore Graepel Timothy Lillicrap Karen Simonyan Demis Hassabis David Silver, Thomas Hubert. A general reinforcement learning algorithm that masters chess, shogi, and go through self-play. *Science*, 2018.
49) Richard S. Sutton and Andrew G. Barto. *Reinforcement Learning: An Introduction*. The MIT Press, second edition, 2018.
50) Satinder Singh Yishay Mansour Richard S. Sutton, David McAllester. Policy gradient methods for reinforcement learning with function approximation. In *Advances in neural information processing systems, 1999*, 1999.
51) Prafulla Dhariwal Alec Radford Oleg Klimov John Schulman, Filip Wolski. Proximal policy optimization. 2017.
52) Pieter Abbeel Michael Jordan Philipp Moritz John Schulman, Sergey Levine. Trust region policy optimization. In *Proceedings of the 32nd International Conference on Machine Learning*, 2015.
53) Rafael Rafailov, Archit Sharma, Eric Mitchell, Christopher D Manning, Stefano Ermon, and Chelsea Finn. Direct preference optimization: Your language model is secretly a reward model. *Advances in Neural Information Processing Systems*, Vol. 36, 2024.
54) Kevin Black, Michael Janner, Yilun Du, Ilya Kostrikov, and Sergey Levine. Training diffusion models with reinforcement learning. *arXiv preprint arXiv:2305.13301*, 2023.

Index

● た行

● な行

● は行

● ま行

● や～ら行

● アルファベット

● 数字・記号

〈著者略歴〉

藤 原 弘 将（ふじはら　ひろまさ）

京都大学大学院 情報学研究科 博士後期課程修了（情報学）

2007 年，産業技術総合研究所に入所．機械学習を用いた音声／音楽の自動理解の研究に従事．開発した特許技術をさまざまな企業にライセンス提供し，ライセンス先企業の技術顧問も務める．2012 年，ボストンコンサルティンググループに入社．ビッグデータ活用領域を中心に多数，業界・テーマのプロジェクトに従事．AI系のスタートアップ企業を経て，2016 年に株式会社 Laboro.AI を創業．代表取締役 COO 兼 CTO として技術開発をリード

石 田　　忠（いしだ　ただし）

群馬大学 工学部 電気電子工学科 卒業

組込みエンジニアとして主に舞台照明の制御装置や車載装置の開発に携わる．その後，高速度カメラメーカで画像処理エンジニアとして，画像解析および機械学習による画像処理を経験．2021 年に株式会社 Laboro.AI に参画し，画像機械学習やベイズ最適化等，さまざまなプロジェクトにかかわる

佐々木 雄哉（ささき　ゆうや）

早稲田大学 高等学院 卒業

学生時代から数学オリンピック指導や難関中高大の受験指導に携わる．その後，自身でも塾経営を行いながらデータサイエンスを活用した教育のコンサルティングや教育用 AI システムの開発をしている中で，データサイエンティストとしてのキャリアアップのため，AIベンチャーへの転職を決意．研究開発部署の立上げを担当し，データサイエンティストの育成や多岐にわたる AI プロジェクトを経験後，主要放送局と AI 教育事業を立ち上げ，取締役に就任．2023 年に株式会社 Laboro.AI に参画し，AI システム開発プロジェクトを中心に各種案件をスーパーバイズしている

加 藤　　修（かとう　しゅう）

北海道大学 大学院情報科学研究科 情報理工学専攻
修士課程修了

在学中は，カーリングをコンピュータ上でシミュレートするデジタルカーリングというゲームを題材としてゲーム AI を研究．修了後，大手メーカにて住環境データを用いた生活異常検知アルゴリズムの研究開発や，オフィス空間における人の動線などのデータ分析に従事．2021 年より株式会社 Laboro.AI に参画し，強化学習を中心に各種プロジェクトにかかわる

吉 岡　　琢（よしおか　たく）

奈良先端科学技術大学院大学 情報科学研究科
博士後期課程修了（工学）

在学中に確率モデルによる情報処理の研究に従事．修了後，研究所や企業で機械学習による脳活動計測，人流データ分析，深層学習によるロボット制御を経験．2019 年 4 月より株式会社 Laboro.AI に参画し，強化学習，自然言語処理を中心に従事．2022 年よりエンジニアリング部部長に就任，部門の指揮を執る

内 木 賢 吾（ないき　けんご）

名古屋大学 大学院工学研究科 電子情報システム専攻
修士課程修了

在学中は自然言語処理の質問応答システムを研究．卒業後，ハードウェアエンジニアとして車載向け実験機器の開発に従事し，筐体，電子回路などハードウェア全般の設計や試験などを担当．その後，自動車会社の R&D 組織にて車載向け音声認識システムのフロントエンド処理に関する研究開発を担当．2019 年から株式会社 Laboro.AI に参画し，自然言語処理やセンサデータの異常検知を中心に従事．2021 年からスーパーバイズとして各種案件にかかわる

川 崎 奏 宜（かわさき　かなた）

九州工業大学 情報工学部 電気電子工学科 卒業

卒業後，大手 SIer にて，画像認識技術を活用した施工現場の効率化や，自然言語処理技術を用いた人材マッチング案件に従事．2022 年に株式会社 Laboro.AI に参画し，自然言語処理を活用したビジネス探索やセンサデータを使った検査プロセスの自動化など，多岐にわたるプロジェクトを担当

今日から使えるファインチューニングレシピ
―AI・機械学習の技術と実用をつなぐ基本テクニック―

2024年9月2日　第1版第1刷発行

著　者　藤原弘将・吉岡　琢・石田　忠
　　　　内木賢吾・佐々木雄哉・川崎奏宜
　　　　加藤　修
発行者　村上和夫
発行所　株式会社 オーム社
　　　　郵便番号　101-8460
　　　　東京都千代田区神田錦町3-1
　　　　電話　03(3233)0641(代表)
　　　　URL　https://www.ohmsha.co.jp/

組版　Green Cherry　　印刷・製本　三美印刷
ISBN978-4-274-23238-1　　Printed in Japan